高等职业教育建设工程管理类专业系列教材

GAODENG ZHIYE JIAOYU JIANSHE GONGCHENG GUANLI LEI ZHUANYE XILIE JIAOCAI

ANZHUANG GONGCHENG ZAOJIA ZONGHE SHIXUN

安装工程造价综合实训

主　编／杜丽丽　景巧玲

副主编／叶晓容　韩　升

参　编／常袁昕　李璎瑶　李　俊

重庆大学出版社

内容提要

本书根据实训项目的安装工程图纸、《建设工程工程量清单计价规范》(GB 50500—2013)、《通用安装工程工程量计算规范》(GB 50856—2013)、《湖北省通用安装工程消耗量定额及全费用基价表》(2018 版)、《湖北省建筑安装工程费用定额》(2018 版)等进行编写。本书共 10 个学习情境,主要内容包括给排水工程、消防工程、电气照明工程、通风空调工程、防雷接地工程的软件建模,主要构件的工程量对量,招标工程量清单、招标控制价和投标报价的编制。

本书可作为高等职业教育工程造价、建设工程管理、建筑工程技术等专业的综合实训用书,也可作为工程造价从业人员的参考用书。

图书在版编目(CIP)数据

安装工程造价综合实训 / 杜丽丽,景巧玲主编. --
重庆:重庆大学出版社,2024.4
高等职业教育建设工程管理类专业系列教材
ISBN 978-7-5689-4402-1

Ⅰ. ①安… Ⅱ. ①杜… ②景… Ⅲ. ①建筑安装—建
筑造价—高等职业教育—教材 Ⅳ. ①TU723.32

中国国家版本馆 CIP 数据核字(2024)第 051165 号

高等职业教育建设工程管理类专业系列教材
安装工程造价综合实训
主　编:杜丽丽　景巧玲
副主编:叶晓容　韩　升
责任编辑:刘颖果　　版式设计:刘颖果
责任校对:邹　忌　　责任印制:赵　晟
*
重庆大学出版社出版发行
出版人:陈晓阳
社址:重庆市沙坪坝区大学城西路 21 号
邮编:401331
电话:(023) 88617190　88617185(中小学)
传真:(023) 88617186　88617166
网址:http://www.cqup.com.cn
邮箱:fxk@cqup.com.cn(营销中心)
全国新华书店经销
重庆紫石东南印务有限公司印刷
*
开本:787mm×1092mm　1/16　印张:8.75　字数:208 千
2024 年 4 月第 1 版　　2024 年 4 月第 1 次印刷
印数:1—2 000
ISBN 978-7-5689-4402-1　定价:32.00 元

前言
FOREWORD

"安装工程造价综合实训"是一门实践类专业核心课程。学习者在学习这门课程时,已经完成了相关的安装工程识图、施工工艺、手工计量与计价课程的学习。在进入工作岗位前,学习者希望通过本课程的学习,能进一步巩固所学知识,提升软件操作技能,提高就业竞争力;能构建知识体系,具备学习能力,提升解决实际案例的能力。课程教师希望能构建教学做一体化的教学模式,通过灵活多样的教学手段,构建高效课程,以符合信息化教学的需求,帮助学习者进行学习,提升职业能力。为此,我们编写了这本活页式数字化教材。

本教材在内容的组织和安排上具有以下特色:

(1)教材结构模块化。教材以目前主导的工作作业方式——软件计量计价为主线,分为以下学习情境:

学习情境一	工程计量准备	学习情境六	建筑防雷接地系统工程计量
学习情境二	给排水工程计量	学习情境七	通风空调工程计量
学习情境三	消火栓灭火系统工程计量	学习情境八	招标工程量清单编制
学习情境四	自动喷淋灭火系统工程计量	学习情境九	招标控制价编制
学习情境五	建筑电气照明系统工程计量	学习情境十	投标报价编制

(2)教材形式灵活性。教材采用活页形式,灵活的装订形式一方面可以使教材内容紧跟行业新技术、新工艺、新规范的变化灵活增减,及时更新教学内容;另一方面对于不同生源类型、工作背景、技术基础的学习者及教师,可以根据学习需求,选取所需部分进行学习,且便于携带。

(3)教材以实践为主、理论为辅。教材以真实项目为载体,讲解各安装工程清单列项、工程量计算及清单计价等方面的内容。

(4)教材内容综合化。教材内容的组织以完成工作任务为目的,综合了识图、施工工艺、软件操作方法及计量规则、清单定额运用等各项内容。

（5）教材学习情境编写内容具备引导性。在每一个学习情境中，都提供了学习情境描述、学习目标、工作任务、工作准备、工作实施等环节，引导学生明确任务要求与过程，使学生能自主学习，有效完成工作任务。

（6）教材资源丰富。为了便于学习，教材中增加了软件操作视频、安装工程计量与计价模型、CAD 图纸、教学 PPT 等教学资源。

本教材由湖北城市建设职业技术学院杜丽丽、景巧玲担任主编。学习情境一至学习情境四由杜丽丽编写，学习情境五、学习情境六由景巧玲编写，学习情境七、学习情境十由湖北城市建设职业技术学院韩升编写，学习情境八、学习情境九由湖北城市建设职业技术学院叶晓容编写，湖北城市建设职业技术学院常袁昕负责教材资源的收集与整理。另外，本教材的工程计量模型、工程计价文件由造价公司工程师李璎瑶、李俊指导编制。

在教材编写过程中，编者查阅和参考了众多文献资料，在此向参考文献的作者致以诚挚的谢意。

限于编者学识经验有限，书中难免存在疏漏之处，恳请读者批评指正。

编　者
2024 年 1 月

目录
CONTENTS

模块一　工程计量

学习情境一　工程计量准备　002

学习情境二　给排水工程计量　008

学习情境三　消火栓灭火系统工程计量　024

学习情境四　自动喷淋灭火系统工程计量　034

学习情境五　建筑电气照明系统工程计量　042

学习情境六　建筑防雷接地系统工程计量　074

学习情境七　通风空调工程计量　084

模块二　工程计价

学习情境八　招标工程量清单编制　102

学习情境九　招标控制价编制　113

学习情境十　投标报价编制　122

参考文献

实训项目1
某办公楼
施工图纸

实训项目2
某实验楼
施工图纸

实训项目3
某别墅
施工图纸

模块一
工程计量

学习情境一 工程计量准备

一、学习情境描述

随着信息化技术的迅猛发展,我国建筑业正处在产业数字化、智能化不断转型升级的关键时期,以 BIM 为代表的建筑信息化技术受到国家高度重视,安装算量软件作为 BIM 技术的一部分,大大降低了造价人员工程量计算的劳动强度,提高了生产效率,缩短了生产周期。

下面请依据实训项目的安装工程图纸、《建设工程工程量清单计价规范》(GB 50500—2013)、《通用安装工程工程量计算规范》(GB 50856—2013)、《湖北省通用安装工程消耗量定额及全费用基价表》(2018 版)及《湖北省建筑安装工程费用定额》(2018 版),利用安装算量软件进行实训项目的计量准备工作。

二、学习目标

(1)能在软件中新建工程,正确地选择工程专业、计算规则、清单定额库。

(2)能在软件中根据实训项目图纸进行工程信息输入、工程计算设置。

(3)能在软件中定义楼层、设置图纸比例。

(4)能在软件中根据实训项目图纸进行图纸管理。

三、工作任务

(1)识读实训项目图纸。

(2)在软件中新建工程。

(3)完成工程信息输入、工程计算设置。

(4)导入图纸、定位、分割图纸。

四、工作准备

(1)阅读工作任务,识读实训项目图纸,明确实训项目的结构类型、建筑层数、建筑面积、檐高。

(2)熟悉《建设工程工程量清单计价规范》(GB 50500—2013)、《通用安装工程工程量计算规范》(GB 50856—2013)、《湖北省通用安装工程消耗量定额及全费用基价表》(2018 版)及《湖北省建筑安装工程费用定额》(2018 版)等相关标准、规范。

五、工作实施

1. 前期准备

(1)在计算机上安装安装算量软件。

(2)与工程计量计价相关的实训图纸、标准、图集、规范、定额等准备到位。

（3）了解安装工程基本的施工工艺流程。

2. 新建工程

引导问题1：在"新建工程"窗口，根据给排水工程施工图应选择（　　　　　　　）专业。

【小提示】　　　　　　　　　**工程专业的选择**

　　根据实训项目图纸选择相应的安装专业，软件中常用的专业有给排水、采暖燃气、电气、消防、通风空调、智控弱电、工业管道等。如果不选择工程专业，软件自动默认为全部专业，后续导航栏中会出现全部专业名称。

引导问题2：根据地区计价特点，在"新建工程"窗口依次选择（　　　　　　　）清单库、（　　　　　　　）定额库。

引导问题3：根据业务需要，在"新建工程"窗口选择（　　　　）模式或（　　　　）模式。

3. 新建楼层

引导问题4：实训项目1某办公楼共（　　　　　）层，其中地上（　　　　　）层，地下（　　　　　）层。

引导问题5：实训项目1某办公楼首层层底标高为（　　　）m，层高为（　　　）m。其余地上层层高为（　　　）m。

引导问题6：实训项目1某办公楼地下一层底标高为（　　　）m，层高为（　　　）m。

引导问题7：在安装算量软件中，默认给出（　　　　）和（　　　　）两个楼层。

【小提示】　　　　　　　　　**基础层层高的设置**

　　对于安装工程，埋地管线穿过基础则需要参考建筑基础结构施工图，准确填写基础层层高。若安装工程管线对基础层没有影响，可按软件默认值，不需要修改。

4. 图纸管理

引导问题8：在安装算量软件中，可通过（　　　　）操作导入CAD图纸。

引导问题9：导入图纸后通过（　　　）、（　　　）和（　　　　）操作进行比例设置、分割图纸和定位。

【小提示】　　　　　　　**设置比例、分割图纸和定位**

　　设置比例、分割图纸、定位主要是针对平面图，比例设置要求是1∶1；分割图纸可优先使用自动分割，对软件不能自动分割的图纸进行手动分割；定位时，定位点应是每张平面图上都能定位到的交点。

六、相关知识点

　　目前国内安装算量软件种类较多，安装工程工程量计算的思路大致分为以下步骤：新建工程、工程设置、定义构件、识别（或绘制）构件、生成模型、汇总计算、套用做法、复核、查看及导出报表等。

1. 启动软件

可以通过"开始"菜单启动软件,也可以双击桌面快捷图标启动软件。

2. 新建工程

进入"新建工程"窗口,设置工程基本信息。

首先输入工程名称,选择工程专业,然后根据工程地区依次选择计算规则、清单库、定额库,最后选择算量模式,如图1-1所示。

图1-1　新建工程

3. 工程设置

首先,设置工程信息。在"工程设置"界面单击"工程信息",软件弹出"工程信息"窗口。根据图纸设计说明及需要,依次填写项目代号、工程类别、结构类型、建筑特征、层数、檐高、建筑面积等基础数据,如图1-2所示。

工程信息

其次,根据图纸的楼层信息建立楼层,并进行楼层信息设置。基础层与首层的楼层编码不能修改,楼层号必须连续。单击"工程设置"→"楼层设置",软件弹出"楼层设置"窗口,系统默认了首层和基础层。结合给排水系统图或立管图中的楼层信息,手动调整首层底标高。通过"批量插入楼层"可以增加

楼层设置

楼层数量,并修改相应楼层的层高,以此实现楼层的设置。需要注意:选中基础层后,可以插入地下室层;选中首层后,可以插入地上层。另外,对于标准层,可在相同层数列中设置标准层层数,如图1-3所示。

最后,设置计算规则。安装工程计算规则较简单,例如给排水工程,需要对当前工程给水支管、排水支管高度按照招标文件规定进行设置。

工程信息

	属性名称	属性值
1	⊟ 工程信息	
2	工程名称	某办公楼给排水工程
3	计算规则	工程量清单项目设置规则(2013)
4	清单库	工程量清单项目计量规范(2013-湖北)
5	定额库	湖北省通用安装工程消耗量定额及全费用基价表(2018)
6	项目代号	
7	工程类别	办公楼
8	结构类型	框架结构
9	建筑特征	矩形
10	地下层数(层)	1
11	地上层数(层)	4
12	檐高(m)	15.6
13	建筑面积(m2)	
14	⊟ 编制信息	
15	建设单位	
16	设计单位	
17	施工单位	
18	编制单位	
19	编制日期	2024-03-16
20	编制人	
21	编制人证号	
22	审核人	
23	审核人证号	

图 1-2　工程信息

楼层设置 ×

	添加 删除	某办公楼给排水工程	批量插入楼层・ 删除楼层	上移 下移						
			首层	编码	楼层名称	层高(m)	底标高(m)	相同层数	板厚(mm)	建筑面积(m2)	备注

首层	编码	楼层名称	层高(m)	底标高(m)	相同层数	板厚(mm)	建筑面积(m2)	备注
☐	4	第4层	3.8	11.4	1	120		
☐	3	第3层	3.8	7.6	1	120		
☐	2	第2层	3.8	3.8	1	120		
☑	1	首层	3.8	0	1	120		
☐	-1	第-1层	4	-4	1	120		
☐	0	基础层	3	-7	1	500		

图 1-3　楼层设置

4. 图纸管理

在"工程设置"界面单击"添加图纸",导入需要的 CAD 图纸。导入成功后单击"设置比例",按照下方状态栏提示,拉框选择需要修改比例的 CAD 图元,单击鼠标右键确认,然后找到图纸中相邻轴线间的尺寸标注进行测量,使测量的数值与图纸中标注的数值一致。若测量的数值与标注的数值不一致,在"尺寸输入"对话框输入轴线标注的数值,保证图纸的比例为 1∶1。

图纸分割

设置好图纸比例后进行平面图纸分割,单击"自动分割"(图 1-4)或"手动分割",鼠标左键拉框选择要分割的图纸,右键确认;在对系统图及大样图自动分割时,需要手动输入楼层信息。

图纸分割完成后,进行平面图纸定位,可选用"自动定位"或"手动定位"功能,手动定位最好用横轴和纵轴的交点,开启下方状态栏中的"交点"功能,找到每张平面图上都能定位到的横纵轴的交点进行定位。

图1-4　自动分割

七、拓展问题

（1）安装算量软件中经典模式和简约模式的操作方法有何不同？

（2）"图纸管理"菜单下分层模式和楼层编号模式的作用有何不同？

八、评价反馈（表1-1）

表 1-1　工程计量准备学习情境评价表

序号	评价项目	评价标准	满分	评价	综合得分
1	新建工程	清单和定额规则选择恰当； 清单库、定额库选择正确； 工程专业、算量模式选择恰当	10 分		
2	工程设置	工程信息填写准确； 工程各专业计算设置选择恰当	20 分		
3	新建楼层	首层底标高填写正确； 各层层高填写正确； 新建楼层速度快慢	20 分		
4	图纸管理	导入 CAD 图纸完整； 图纸设置比例、分割图纸及定位准确	40 分		
5	工作过程	严格遵守工作纪律，按时提交工作成果； 积极参与教学活动，具备自主学习能力； 积极参与小组活动，具备倾听、协作与分享意识	10 分		
		小计	100 分		

一、学习情境描述

随着水资源的日益匮乏,人们深刻意识到提高水资源利用率的重要性。在建筑给排水工程施工中,人们更加关注环保、节能的管道材质,真空式的节能技术,严格的管道连接施工工艺,以提高建筑给排水施工的绿色环保性和安全性,最大限度减少运行问题,真正做到节能减排,减少水资源的浪费。

下面请依据《建设工程工程量清单计价规范》(GB 50500—2013)、《通用安装工程工程量计算规范》(GB 50856—2013),《湖北省通用安装工程消耗量定额及全费用基价表(第十册　给排水、采暖、燃气工程)》(2018 版),完成实训项目 1 某办公楼施工图纸中给排水工程软件建模(卫生间给排水管道建模成果如图 2-1 所示)与计量,并进行工程量对量,掌握给排水工程相关工程量的计算方法。

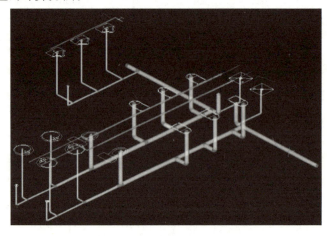

图 2-1　卫生间给排水管道建模成果图

二、学习目标

(1)能结合实训项目 1 某办公楼施工图纸,选择适当的绘制方法,完成卫生器具、管道、阀门、管道附件及零星构件的属性定义与绘制。

(2)能正确运用清单与定额工程量计算规则,完成管道工程量计算。

(3)能完成给排水工程的做法套用与软件提量。

三、工作任务

(1)识读给排水工程相关图纸,完成给排水工程的软件建模。

(2)进行给排水工程的做法套用与软件提量。

（3）进行工程量对量检查。

四、工作准备

（1）阅读工作任务，识读实训项目1某办公楼施工图纸。

（2）收集《建设工程工程量清单计价规范》（GB 50500—2013）、《通用安装工程工程量计算规范》（GB 50856—2013）、《湖北省通用安装工程消耗量定额及全费用基价表（第十册给排水、采暖、燃气工程）》（2018版）中关于管道计量的相关知识。

（3）结合工作任务分析管道计量中的难点和常见问题。

五、工作实施

1. 实训项目1某办公楼施工图纸识读

引导问题1：每层有（　　　　　　　　　）个卫生间，□有□没有大样图？卫生间里有（　　　　　　　　　　　　　　　　）卫生器具。

引导问题2：给水管道是（　　　　　）材质，其中进户管有（　　　　　）处，管径是（　　　　　），标高是（　　　　　）。

引导问题3：给水立管有（　　　　）个，在（　　　　）图上识读，其中JL-1管径分别是（　　　）、（　　　　）、（　　　　），JL-2、JL-3管径是（　　　　　）。

引导问题4：JL-1立管上的给水支管在（　　　　）和（　　　　）图上识读，连接（　　　　）卫生器具，顺着给水水流方向支管的管径分别是（　　　　　　）。

引导问题5：JL-2立管上的给水支管在（　　　　）图和（　　　　）图上识读，标高是（　　　　），连接（　　　　）卫生器具，顺着给水水流方向支管的管径分别是（　　　　　　）。

引导问题6：JL-3支管和JL-2支管走向（　　　　　　　）。

引导问题7：排出管有（　　　　）处，其中$\frac{W}{1}$、$\frac{W}{2}$排出管是（　　　　）材质，管径是（　　　　），标高是（　　　　）；$\frac{W}{3}$排出管是（　　　　）材质，管径是（　　　　），标高是（　　　　）。

引导问题8：排水立管是（　　　　）材质，有（　　　　）个，在（　　　　）图上识读，管径是（　　　　）。

引导问题9：WL-1立管上的排水支管是（　　　　）材质，标高是（　　　　），在（　　　　）图和（　　　　）图上识读。

【小提示】　　　　　　　　　**压力排水管**

一般常见的排水管都是重力流排水管，也就是无压流排水管。压力排水管是指内部承压的排水管道。压力排水管道有两种：一种是地下室或者其他地方的污水集水坑采用排污泵排水的排水管道，称为压力排水管，如本工程中的$\frac{W}{3}$铸铁排水管；第二种是建筑物屋面的雨水管，采用虹吸排水（一般高层建筑以及大面积的屋面排水宜采用），也称为负压排水管。

2. 卫生器具软件算量

引导问题10：给排水工程工程量主要有（　　　　　　）和（　　　　　　）两种计量单位，按照软件导航栏顺序应先计算（　　　　　）工程量，再计算管道工程量。

　　引导问题11：软件的算量思路是（　　　　）、（　　　　）、（　　　　）、（　　　　）。

【小提示】　　　　　　　　安装工程算量软件的算量思路
　　给排水工程工程量主要是"数量"和"长度"两种单位，软件算量基本思路为：新建构件（定义）→识别（或绘制）→检查→提量。

　　引导问题12：本工程卫生器具的识别应在（　　　　　　　　）图纸上进行。隐层 CAD 图元可使用工具栏中的（　　　　　　　）功能。要显示已隐层的 CAD 图元，可使用（　　　　　）快捷键勾选"CAD 原始图层"。

【小提示】　　　　　　　　卫生器具识别注意事项
　　卫生器具应在有管线连接的平面图或大样图上识别，这样才能保证与卫生器具连接的管线识别的准确性；在识别卫生器具时，可隐藏不必要的平面图，以免卫生器具重复识别；有些卫生器具图例大小不一致，但都代表同一种卫生器具，识别时可以通过"CAD 识别选项"操作调整相关数值，提升识别率。

3. 给排水管道软件算量

　　引导问题 13：在计算管道工程量时，可同时在管道属性框中定义管道（　　　　　）、（　　　　）和（　　　　）的相关数据。

　　引导问题 14：管道支架工程量计算可在管道属性框定义，也可在（　　　　）属性框定义。管道支架清单工程量以（　　　　）或（　　　　）为单位计算。

　　引导问题 15：在软件中绘制外墙以外 1.5 m 管道，可使用（　　　　　）功能操作。

　　引导问题 16：软件中管道表面刷油应区分油漆涂料的不同（　　　　　）和（　　　　　），分别以（　　　　）为单位计算。管道保温、绝热工程以（　　　　　）为单位计算。

　　引导问题 17：当系统图和平面图不在一个界面时，用管道"建模"界面的（　　　　）功能可快速查看系统图。

　　引导问题 18：软件中给水支管高度"计算设置"有（　　　　　　）、（　　　　　）和（　　　　　）3 种计算方式。

【小提示】　　　　　　　　给水支管高度的计算
　　对给水支管高度的计算，软件"计算设置"中提供了三种方式，分别是按规范计算、横管与卫生器具标高差值、输入固定计算值，可根据图纸要求选择适当的计算方式。

　　引导问题 19：识别卫生器具时绘制了"标准间"，大样图管道绘制完成后可使用"标准间"的（　　　　　　　）功能，完成管道工程量的自适应。

【小提示】　　　　　　　　自适应标准间
　　在大样图上识别卫生器具时绘制了"标准间"，大样图上管道绘制完成后可使用"标准间"的"自适应标准间"功能，单击绘制的标准间外框，单击鼠标右键确认，弹出对话框，将选择的标准间作为模板，单击"是"按钮，再返回导航栏"给排水-管道"查看"计算式"，显示计算式工程量都已乘以标准间层数。

4. 阀门、管道附件软件算量

引导问题 20：软件中常见的阀门类型有 _____。

引导问题 21：软件中常见的管道附件类型有 _____。

引导问题 22：阀门、管道附件应在识别了（　　　　）图元之后再进行识别。

【小提示】 　　　　　　　　　**阀门、管道附件的识别**

　　阀门、管道附件应在识别了管道图元后再进行识别，一般应在平面图或大样图上识别。

5. 零星构件软件算量

引导问题 23：软件中的零星构件主要有（　　　　　　　　）和（　　　　　　　　）两大类。

引导问题 24：软件中常见的套管类型有 _____。

【小提示】 　　　　　　　　　**套管基本内容介绍**

　　在识图时，套管一般不标识在图上，但计算时不能遗漏，应列出相应的清单工程量。规范规定：当管道穿越室内楼板、墙体时应安装一般钢套管，如有防水要求的，如外墙、卫生间楼板、屋面等，应安装防水套管。套管规格一般比管道规格大 1~2 号。

六、相关知识点

（一）卫生器具的算量思路

1. 卫生器具的新建与属性定义

（1）在导航栏中选择"卫生器具"，在构件列表中单击"新建"→"新建卫生器具"。依据图纸设计说明，在属性框中进行卫生器具的属性定义，如图 2-2 所示。属性定义内容主要包括卫生器具的名称、材质、类型、规格型号、标高等信息，对于图纸设计说明或施工图中没有提到的信息按软件默认值即可。

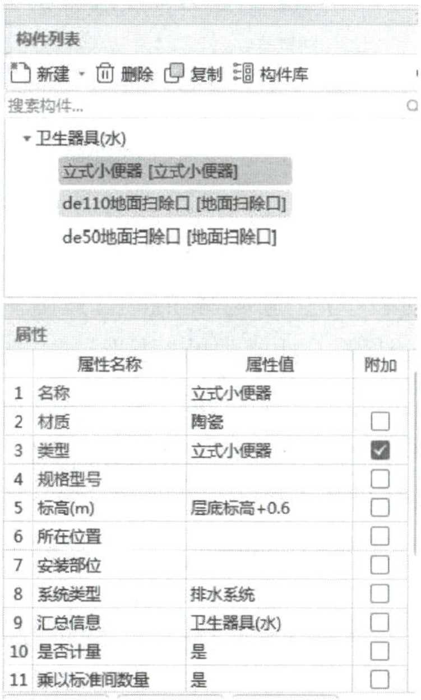

图 2-2　卫生器具的属性定义

（2）在导航栏中选择"卫生器具"，在构件列表中单击"构件库"也可快速定义图纸需要的卫生器具，同时在属性框进行属性定义。属性框中有两种字体，蓝色字体为公有属性，黑色字体为私有属性，相同名称构件的公有属性只能有一种，修改一个图元的公有属性，其余图元公有属性也随着改变；相同名称构件的私有属性可有多种，修改一个图元的私有属性，其余图元的私有属性不变。

2. 卫生器具的识别与绘制

在"建模"界面选择"设备提量"，对照构件列表依次找到图纸中对应的设备图例，点选或框选一个图例，再单击鼠标右键，出现属性框，确认属性定义是否准确。同时，单击"选择楼层"按钮，勾选需要识别的卫生器具的楼层，软件会自动找到相同图例的设备并一次性把全部楼层相同图例的设备提取出来，如图 2-3 所示。

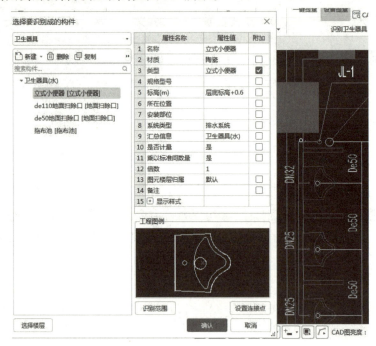

图 2-3　卫生器具的识别

本工程地上四层，卫生间布局相同，在大样图上识别完成后，用设置"标准间"功能可快速完成四层工程量的计算。操作方法为：左侧导航栏选择"建筑结构"→"标准间"，单击构件列表中的"新建标准间"，弹出属性框，在数量栏中填写标准间数量为"4"，用"绘图"工具栏中的"矩形"或"直线"功能框选大样图完成绘制，单击左侧导航栏中的"卫生器具"，用"检查/显示"工具栏中的"计算式"可查看其工程量计算式已乘以标准间数量，如图 2-4 所示。

标准间设置

对于图纸中卫生器具数量较少或未被识别的卫生器具，可以使用工具栏中"点"绘制功能，在绘图区鼠标左键单击一点作为构件的插入点（当光标指针显示为"十"字才能绘制），完成绘制。

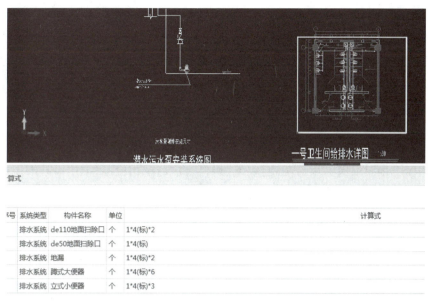

号	系统类型	构件名称	单位	计算式
	排水系统	de110地面扫除口	个	1*4(标)*2
	排水系统	de50地面扫除口	个	1*4(标)
	排水系统	地漏	个	1*4(标)*2
	排水系统	蹲式大便器	个	1*4(标)*6
	排水系统	立式小便器	个	1*4(标)*3

图 2-4　新建标准间

3. 卫生器具的漏量检查

在"建模"界面,单击"检查/显示"工具栏中的"漏量检查",检查没有被识别的块图元,双击图例准确定位到图纸,再用"设备提量"功能补充识别,如图 2-5 所示。

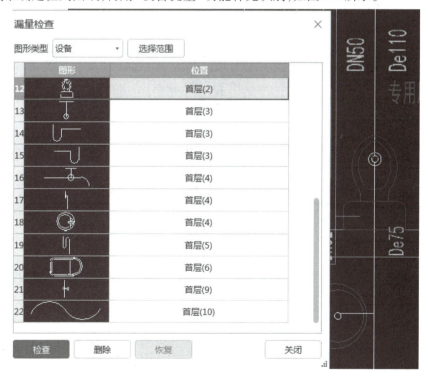

图 2-5　卫生器具漏量检查

4. 卫生器具工程量计算与查看

(1)在"建模"界面,单击"检查/显示"工具栏中的"计算式",下方弹出工程量计算式,可查看本层卫生器具的图元工程量,双击计算式,软件会自动选中并定位到图纸中,方便检查及修改图元属性。

（2）在"建模"界面,单击"识别卫生器具"工具栏中的"设备表",可查看所有楼层的设备数量,双击"数量"列,软件会自动选中并定位到图纸中,方便检查及修改图元属性。

（3）在"工程量"界面,单击"汇总计算",弹出汇总计算提示框;选择需要汇总的楼层,单击"确定"按钮进行计算汇总;汇总结束后弹出计算汇总成功提示。在"工程量"界面,单击"查看报表",单击左侧"设备"操作,可查看所有楼层卫生器具的工程量,并可导出工程量到 Excel 或 PDF 文件中。在"查看报表"界面,选择"设置报表范围",可选择查看某一楼层、某种卫生器具的工程量。

（4）在"工程量"界面,单击"分类工程量",可按一定的分类条件进行工程量查看,并可导出工程量到 Excel 或 PDF 文件中,如图 2-6 所示。

查看分类汇总工程量

构件类型	给排水	卫生器具(水)	
	分类条件		工程量
	名称	楼层	数量(组)
1	DE110地面扫除口	首层	2.000
2		小计	2.000
3	DE50地面扫除口	首层	1.000
4		小计	1.000
5	地漏	首层	2.000
6		小计	2.000
7	蹲式大便器	首层	6.000
8		小计	6.000
9	立式小便器	首层	3.000
10		小计	3.000
11	台式洗脸盆	首层	4.000
12		小计	4.000
13	拖布池	首层	2.000
14		小计	2.000
15	坐式大便器	首层	2.000
16		小计	2.000
17	总计		22.000

设置构件范围　设置分类及工程量　导出到Excel　导出到已有Excel　☑显示小计

图 2-6　卫生器具分类工程量

（5）在"工程量"界面,单击"图元查量",选择需要查量的图元,可查看该图元的详细计算式及工程量。

（二）管道的算量思路

1. 管道的新建与属性定义（列项）

在导航栏中选择"管道",在"建模"界面,在构件列表中单击"新建"→"新建管道"。依据图纸设计说明,在属性框中进行管道的属性定义,如图 2-7 所示。新建管道可采用"复制"功能迅速建立管道构件。属性定义内容主要包括管道的名称、系统类型、材质、管径规格、连接方式等,管道标高可先不进行修改,在绘制管道时软件会弹出修改标高的窗口,再根据图纸标高进行修改

管道定义与
识别(1)

即可。

　　当施工图纸中管道有刷油、保温、支架说明时,可在属性框进行定义,软件会自动计算其工程量,如图2-8所示。

图2-7　新建管道

图2-8　管道属性定义

2. 管道的识别与绘制

1）水平管道绘制

在"建模"界面,选择"绘图"工具栏中的"直线"功能,选择要绘制的水平管道规格,同时在弹出的窗口中根据图纸要求输入安装高度,找到 CAD 平面图管道位置进行直线绘制。在绘制管道时,建议打开状态栏中的"正交"按钮,保证管道横平竖直,当两段水平管道标高不同时,软件会自动生成小立管,如图 2-9 所示。

图 2-9 两标高不同的水平管道间生成的小立管

2）立管绘制

在"建模"界面,选择"绘图"工具栏中的"布置立管""布置变径立管"功能。对没有变径的立管,使用"布置立管"功能,选择要绘制的立管管道规格,同时在弹出的立管标高窗口中输入底标高和顶标高,找到 CAD 平面图立管管道位置,单击鼠标左键绘制立管;对有变径的立管,使用"布置变径立管"功能,添加要绘制立管的不同管道规格,同时在弹出的立管标高窗口中输入底标高和顶标高,找到 CAD 平面图立管管道位置,单击鼠标左键绘制变径立管,如图 2-10 所示。

图 2-10 变径立管的定义与绘制

给排水管道除了使用绘制功能外,也可使用"自动识别"及"选择识别"功能。"自动识别"是选择管道的 CAD 线及代表管道管径的一个标识,单击鼠标右键确认,弹出"管道构件信息"窗口,左键双击"构件名称"栏,单击三点按钮打开,添加构件名称及修改管道标高等属性,单击"确定"按钮依次添加构件。完成后单击"确定"按钮,软件自动生成管道,生成后使用动态观察进行检查、修改。窗口中如果出现"没有对应标注的管线",单击"反查",回到图纸中查看管线的管径,再添加构件名称,如图 2-11 所示。

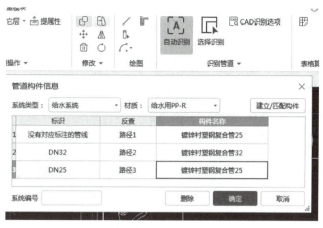

图 2-11 管道自动识别构件信息的建立

3. 管道的检查

管道绘制完成后,在"建模"界面,选择"检查/显示"工具栏中的"检查回路"功能,单击要检查的回路,打开"动态观察",检查已建模型是否有遗漏,同时还可以查看工程量。

4. 管道工程量计算与查看

(1)在"建模"界面,单击"检查/显示"工具栏中的"计算式",下方弹出工程量计算式,可查看本层管道的图元工程量,双击计算式,软件会自动选中并定位到图纸中,方便检查管径及修改图元属性。

(2)在"工程量"界面,单击"汇总计算",弹出汇总计算提示框;选择需要汇总的楼层,单击"确定"按钮进行计算汇总;汇总结束后弹出计算汇总成功提示。在"工程量"界面,单击"查看报表",单击左侧"管道"操作,可查看所有楼层长度、超高长度、内外表面积工程量,并可导出工程量到 Excel 或 PDF 文件中。

(3)在"工程量"界面,单击"分类工程量",可按一定的分类条件进行工程量查看,并可导出工程量到 Excel 或 PDF 文件中。

(4)在"工程量"界面,单击"图元查量",选择需要查量的图元,可查看该图元的详细计算式及工程量,如图 2-12 所示。在查看图元时,可把状态栏中的"CAD 图亮度"调为 0,灰显CAD 图,这样使绘制的图元清晰可见。

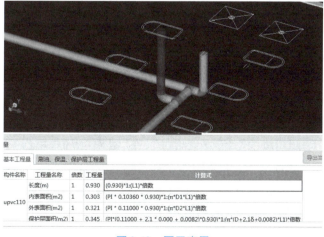

图 2-12 图元查量

5. 管道计量与对量

1）管道清单工程量计算规则

《通用安装工程工程量计算规范》（GB 50856—2013）中规定，管道工程量应区分不同的管径和材质，按设计图示管道中心线以长度计算。管道安装工程量计算时，不扣除阀门、管件（包括减压器、疏水器、水表、伸缩器等组成安装）及附属构筑物所占长度，方形补偿器以其所占长度列入管道安装工程量。

2）管道的计算顺序

对于给水管道，应顺着水流方向先进户管、水平干管，后立管和支管；对于排水管道，可按管道的安装顺序先排出管、干管，后立管、支管，也可按排水的水流方向先支管，后立管、干管的顺序计算管道的工程量。

3）管道界限的划分

室内外给水管道以建筑物外墙皮 1.5 m 为界，入口设阀门者以阀门为界。室内外排水管道以出户第一个排水检查井为界。

4）支管与卫生器具的分界线

根据《湖北省通用安装工程消耗量定额及全费用基价表（第十册　给排水、采暖、燃气工程）》（2018 版）定额计算规则，卫生器具管道工程量计算范围为：给水管道工程量计算至卫生器具（含附件）前与管道系统连接的第一个连接件（角阀、三通、弯头、管箍等）止；排水管道工程量自卫生器具出口处的地面或墙面的设计尺寸算起；与地漏连接的排水管自地面设计尺寸算起，不扣除地漏所占长度。

5）管道工程量对量

给排水管道工程量计算汇总详见右侧二维码。

给排水管道工程量计算汇总表

（三）阀门法兰、管道附件的算量思路

1. 阀门法兰、管道附件的识别与新建

阀门法兰、管道附件的识别在管道识别之后进行，可先"新建"构件再用"设备提量"功能识别，也可先用"设备提量"功能识别再"反建"构件。"反建"构件操作方法为：在导航栏中选择"阀门法兰"，在"建模"界面单击"设备提量"，在平面图或大样图上点选或框选一个阀门，单击鼠标右键确认，再新建阀门法兰构件，在属性框中修改构件材质、类型、连接方式，规格型号不用修

阀门与法兰识别

改，软件会把管道规格自动识别在阀门上。如果要同时识别多个楼层，可以单击"选择楼层"按钮，勾选需要识别的楼层，软件会自动找到相同图例的设备，一次性把全部楼层相同图例的阀门法兰提取出来，如图 2-13 所示。

2. 阀门法兰、管道附件的漏量检查

在导航栏中选择"阀门法兰"或"管道附件"，在"建模"界面，单击"检查/显示"工具栏中的"漏量检查"，检查没有被识别的块图元，双击图例准确定位到图纸，再用"设备提量"功能补充识别。

3. 阀门法兰、管道附件工程量计算与查看

阀门法兰、管道附件与卫生器具都是数量单位，它们查看工程量的方式基本相同，主要

有"计算式""设备表""汇总计算""分类工程量""图元查量"等多种查看方式。

图 2-13　反建阀门构件

(四)零星构件的算量思路

套管算量有两种方法:一种是"点"绘制;另一种是"生成套管"。对于工程中套管较多的情况,建议使用"生成套管"功能可快速生成工程中所有套管。

套管的识别

1. "点"绘制操作方法

在导航栏中选择"零星构件",在构件列表中单击"新建"→"新建套管"。依据图纸信息定义属性框中套管的名称、类型、材质、规格等,注意标高不用修改。然后用"点"绘制完成套管的绘制,软件会把管道标高自动附着在套管上,如图 2-14 所示。

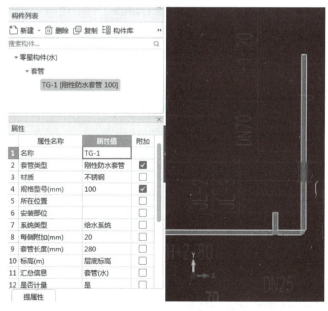

图 2-14　零星构件的定义与绘制

2. "生成套管"操作方法

在"建筑结构"界面,先识别"墙""现浇板",然后单击"给排水"界面"零星构件"中的"生成套管",弹出"生成设置"窗口,选择套管类型、规格及是否需要"生成孔洞",单击"确定"按钮生成套管,如图 2-15 所示。

注意:在识别"墙体"时要注意根据图纸内容修改属性框中墙体的类型"内墙"或"外墙",墙体类型不同生成的套管类型就不同,通常情况下穿外墙用刚性防水套管,穿内墙用一般钢套管。另外,还需检查"墙体"的"其它属性"中的墙体标高,只有管道标高在墙体标高内,软件才能生成穿墙套管。

图 2-15　墙体套管的生成设置

(五)表格算量思路

表格算量适用于工程比较小、竖向构件比较少的图纸,如果部分构件在平面图中没有画出来,也可以使用表格算量的方法把工程量补充进来,这样就可以把所有的工程量放在一个工程文件中。在"工程量"菜单下单击"表格算量",在"表格算量"界面添加需要计算的构件,可手动修改名称、类型、材质、规格型号,也可使用"提标识"功能在图纸上提取相关信息;工程量计算可使用"数数量"功能提取图纸上相同图例的工程量,也可使用手动方式直接添加工程量,如图 2-16 所示。

图 2-16 表格输入

（六）套做法思路

在"工程量"界面，单击"汇总计算"计算所有楼层工程量。工程量计算完成后，单击"套做法"进入套做法界面。如果采用外部清单，可选择"导入外部清单"。多数情况下选择套用规范清单及定额，可单击"自动套用清单"功能，软件会根据分项工程名称、材质、规格套用合适的清单项，对没有套用的或套用不准确的分项工程，再单击"插入清单""查询清单指引"功能就可以添加清单项及所包含的定额子目，如图 2-17 所示。

给排水套做法

注意：套做法中汇总了所有通头管件的工程量，不用套用清单及定额子目，因为通头管件的数量及单价已包含在管道项目中，不能再重复计取通头管件的费用，出量是为了方便进行施工对量。

图 2-17 集中套做法

七、拓展问题

(1)如果图纸中每层卫生间布局都相同,在识别首层卫生器具后,如何快速识别其他楼层的卫生器具?

(2)如何快速修改同名称的私有属性?

(3)汇总计算后做法表没有工程量,是什么原因造成的?

(4)什么是"设备连管"? 简述"设备连管"功能的操作步骤。

八、评价反馈（表2-1）

表2-1　给排水工程计量学习情境评价表

序号	评价项目	评价标准	满分	评价	综合得分
1	施工图识读	熟悉本工程设计说明； 结合给排水施工平面图、系统图，了解干管、立管管道的管径、标高及走向； 熟悉大样图中卫生间的卫生器具及支管管道的管径、标高及走向	20分		
2	卫生器具软件算量	卫生器具构件属性定义、识别操作正确； 卫生器具漏量检查操作正确； 卫生器具查量方法选择正确	15分		
3	管道软件算量	管道构件属性定义完整、操作正确； 管道识别与绘制操作正确； 管道回路检查操作正确； 管道查量方法选择正确； 能正确地理解与运用管道工程量计算规则； 管道工程量计算正确	30分		
4	阀门、管道附件、零星构件软件算量	阀门、管道附件识别操作正确； 反建构件操作正确； "生成套管"功能操作正确	10分		
5	集中套做法	熟悉集中套做法各工具栏的功能； 准确套入所有分项工程的清单项及包含的定额子目	15分		
6	工作过程	严格遵守工作纪律，按时提交工作成果； 积极参与教学活动，具备自主学习能力； 积极参与小组活动，具备倾听、协作与分享意识	10分		
小计			100分		

学习情境三　消火栓灭火系统工程计量

一、学习情境描述

消防工程是关系国计民生的大事,随着社会城市化的迅速发展,各式建筑越来越密集,建筑消防工程已成为建筑工程的重要组成部分。做好消防工作,对于保护公民的生命财产免受火灾危害,为公民创造一个良好的生活、工作环境和生产秩序,保障人们安居乐业,都具有重要作用。

下面请依据《建设工程工程量清单计价规范》(GB 50500—2013)、《通用安装工程工程量计算规范》(GB 50856—2013),《湖北省通用安装工程消耗量定额及全费用基价表(第九册　消防工程)》(2018 版),完成实训项目 1 某办公楼施工图纸中消火栓灭火系统工程软件建模(图 3-1)及计量,并进行工程量对量,掌握消火栓灭火系统工程相关工程量的计算方法。

图 3-1　消火栓灭火系统工程管道建模成果图

二、学习目标

(1)能结合实训项目 1 某办公楼施工图纸,选择适当的绘制方法,完成消火栓设备、消防管道、阀门、管道附件及零星构件的属性定义与绘制。

(2)能正确运用清单与定额工程量计算规则,完成消火栓管道的工程量计算。

(3)能完成消火栓灭火系统工程的做法套用与软件提量。

三、工作任务

(1)识读消火栓灭火系统工程相关图纸,完成消火栓灭火系统工程的软件建模。

(2)进行消火栓灭火系统工程的做法套用与软件提量。

(3)进行工程量对量检查。

四、工作准备

(1)阅读工作任务,识读实训项目1某办公楼施工图纸。

(2)收集《建设工程工程量清单计价规范》(GB 50500—2013)、《通用安装工程工程量计算规范》(GB 50856—2013)、《湖北省通用安装工程消耗量定额及全费用基价表(第九册消防工程)》(2018版)中关于消火栓管道计量的相关知识。

(3)结合工作任务分析消火栓管道计量中的难点和常见问题。

五、工作实施

1. 实训项目1某办公楼施工图纸识读

引导问题1:消火栓管道是(　　　　　　　)材质,其中进户管有(　　　　　)处,标高是(　　　　　),管径是(　　　　　),刷(　　　　)道沥青漆。

引导问题2:进户水平干管的标高是(　　　　),管径是(　　　　　)。

引导问题3:消火栓灭火系统工程中有(　　　　)个立管,管径是(　　　　)。

引导问题4:地下一层连接消火栓的支管标高是(　　　　),管径是(　　　　)。

引导问题5:地上层支管标高是(　　　　),管径是(　　　　)。

2. 消火栓、消防设备、管道附件、阀门法兰软件算量

引导问题6:消火栓灭火系统工程的工程量主要有(　　　　)和(　　　　)两种计量单位,按照软件导航栏顺序应先计算(　　　　)工程量,再计算消火栓管道工程量。

引导问题7:软件中消火栓算量方法与卫生器具方法相同,可使用(　　　　)绘制或(　　　　)功能识别。

> 【小提示】　　　　　　　　消火栓算量方法
>
> 消火栓与卫生器具都是"数量"单位,"数量"单位通常使用"点"绘制或"设备提量"功能计算工程量。

引导问题8:实训项目1消火栓的识别应在(　　　　)图纸上进行。使用"设备提量"功能点选或框选图例时,尽可能选择(　　　　)的图例,识别完成后对个别没有被识别的图例继续选择(　　　　)进行追加识别。

> 【小提示】　　　　　　　　消火栓识别
>
> 使用"设备提量"功能点选或框选图例时,尽可能选择绘制标准的图例,识别完成后对个别没有识别上的图例继续选择"设备提量"进行追加识别。

引导问题9:软件中常见的消防设备类型有_____。

引导问题10:软件中常见的管道附件类型有_____。

引导问题11:阀门法兰、管道附件的识别前提是先识别(　　　　),再识别阀门法兰、管道附件,可使用(　　　　)绘制或(　　　　)功能识别。

【小提示】　　　　　　阀门法兰、管道附件识别

　　阀门法兰、管道附件识别前要先识别管道图元，软件会根据管道管径自动识别阀门法兰、管道附件的规格型号。

3. 消火栓管道算量

引导问题12：在识别管道时通常把平面图与系统图、材料表等结合起来识读，在软件中除了分割、导出系统图、材料表外，还可以使用（　　　　　　　）功能将CAD图分在两个窗体内显示，方便查看修改。

引导问题13：在"视图"界面，用（　　　　　　）功能可快速恢复界面原本格式。

引导问题14：消火栓管道支架类型在（　　　　　）中设置，也可单独用（　　　　　）设置。

引导问题15：消火栓管道识别方法有（　　　　）、（　　　　　）、（　　　　　　）。

六、相关知识点

（一）消火栓的算量思路

1. 消火栓的新建与属性定义（列项）

（1）在导航栏中选择"消火栓"，在构件列表中单击"新建"→"新建消火栓"。依据图纸设计说明，在属性框中进行消火栓的属性定义，如图3-2所示。属性定义内容主要包括消火栓的名称、类型、规格型号、消火栓高度、栓口标高等。

消火栓定义与识别

注意：实验消火栓和室内消火栓要分别定义、列项，对于图纸设计说明或施工图中没有提到的信息按软件默认值即可。

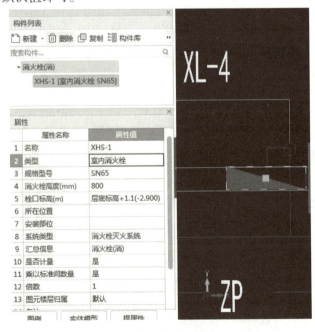

图3-2　消火栓的属性定义

（2）在导航栏中选择"消火栓"，在构件列表中单击"构件库"也可以快速定义图纸需要

的消火栓,同时在属性框中进行属性定义。

2. 消火栓的识别与绘制

在"建模"界面选择"设备提量",找到图纸中对应的消火栓图例,在平面图或大样图上点选或框选一个图例,再单击鼠标右键,出现属性框,确认属性定义是否准确。同时,单击"选择楼层"按钮,勾选全部楼层,软件会一次性把全部楼层相同图例的消火栓提取出来。

对于图纸中消火栓数量较少或未被识别的消火栓,可以使用工具栏中"点"绘制功能,在绘图区鼠标左键单击一点作为构件的插入点(当光标指针显示为"十"字才能绘制),完成绘制。

3. 消火栓的漏量检查

在"建模"界面,单击"检查/显示"工具栏中的"漏量检查",检查没有被识别的块图元,双击图例准确定位到图纸,再用"设备提量"功能补充识别。如果 CAD 不是块图元,或材料表中没有消火栓图例,则不能使用"漏量检查"功能,可以通过调整 CAD 图亮度进行辅助检查。

4. 消火栓工程量计算与查看

(1)在"建模"界面,单击"检查/显示"工具栏中的"计算式",下方弹出工程量计算式,可查看本层绘制的消火栓的图元工程量,双击计算式,软件会自动选中并定位到图纸中,方便检查及修改图元属性。

消火栓工程量
计算与查看

(2)在"建模"界面,单击"识别消火栓"工具栏中的"设备表",可查看所有楼层的设备数量,双击"数量"(个)列,软件会自动选中并定位到图纸中,方便检查及修改图元属性,如图 3-3 所示。

设备表

序号	图例	对应构件	构件名称	类型	规格型号	标高(m)	数量(个)
1		消火栓(消)	XHS-1	室内消火栓	SN65	层底标高+1.1	11

图 3-3　设备表查量

(3)在"工程量"界面,单击"汇总计算",弹出汇总计算提示框;选择需要汇总的楼层,单击"确定"按钮进行计算汇总;汇总结束后弹出计算汇总成功提示。在"工程量"界面,单击"查看报表",单击左侧"设备",可查看所有楼层消火栓的工程量,并可导出工程量到 Excel或 PDF 文件中。在"查看报表"界面,选择"设置报表范围",可选择查看某一楼层消火栓的工程量,如图 3-4 所示。

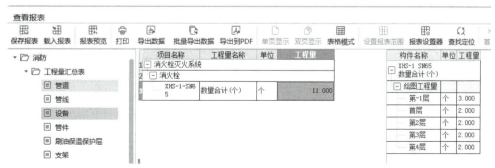

图 3-4　汇总计算、查看报表

（4）在"工程量"界面，单击"分类工程量"，可按一定的分类条件进行工程量查看，并可导出工程量到 Excel 或 PDF 文件中，如图 3-5 所示。

图 3-5 分类工程量查看

（5）在"工程量"界面，单击"图元查量"，点选或框选需要查量的图元范围，可查看该图元的详细计算式及工程量。

（6）在"工程量"界面，单击"查找图元"，可按属性或构件图元 ID 精准快速地找到图纸中绘制的图元数量及具体位置（快捷键"Ctrl+F"），如图 3-6 所示。

图 3-6 查找图元

（二）消防设备、管道附件的算量思路

消防设备、管道附件都是"数量"单位，其算量思路、操作方法及检查方法与消火栓一致，这里就不再重复介绍。

（三）消火栓管道的算量思路

1. 管道的新建与属性定义（列项）

在导航栏中选择"管道"，在"建模"界面，在构件列表中单击"新建"→"新建管道"。依据图纸设计说明，在属性框中进行管道的属性定义。在"建模"界面，也可用构件列表中的"构件库"快速定义构件。属性定义内容中，系统类型选择"消火栓灭火系统"，材质、管径规格、连接方式等根据图纸进行定义，管道标高可先不进行修改，在绘制管道时软件会弹出修改标高的窗口，再根据图纸标高进行修改即可。

消火栓管道
定义与识别

当施工图纸中管道有刷油、保温、支架说明时，可在属性框中进行定义，软件会自动计算其工程量，如图3-7所示。

	属性名称	属性值	附加
1	名称	XHSMH-100	
2	系统类型	消火栓灭火系统	☑
3	系统编号	(XH1)	☐
4	材质	镀锌钢管	☑
5	管径规格(mm)	100	☑
6	外径(mm)	(114)	☐
7	内径(mm)	(106)	☐
8	起点标高(m)	层顶标高	☐
9	终点标高(m)	层顶标高	☐
10	管件材质	(钢制)	☐
11	连接方式	螺纹连接	☐
12	所在位置		☐
13	安装部位		☐
14	汇总信息	管道(消)	☐
15	备注		☐
16	⊞ 计算		
23	⊞ 支架		
27	⊟ 刷油保温		
28	刷油类型	沥青漆 ▾	☐
29	保温材质		☐

图 3-7　新建管道及管道属性定义

2. 管道的识别与绘制

消火栓管道可使用"消火栓管道提量""直线""选择识别"功能完成管道识别与绘制。在"建模"界面选择"消火栓管道提量"，依据图3-8所示提示，在图纸中选择水平管CAD线及管径、立管CAD圈及立管系统编号，单击"自动识别"按钮，弹出如图3-9所示窗口，双击"类别"列，在图纸中分别找到要定义的"水平管""立管""消火栓支管"的管道管径及标高，修改完成后，单击"生成全部"按钮生成管道图元。

消火栓管道
定义与绘制(1)

软件自动生成后，对管道标高及管径进行检查。对生成有误的管道，选中图元，在属性框中进行属性修改。没有生成的水平管道，可使用"绘图"工具栏中的"直线"功能进行绘制，或使用"选择识别"功能进行个别管道的识别；立管可使用"绘图"工具栏中的"布置立管""布置变径立管"功能进行绘制，绘制

消火栓管道
定义与绘制(2)

步骤与给排水管道的操作方法一致。

图 3-8　消火栓管道提量

图 3-9　消火栓管道提量定义

3. 管道的检查

管道绘制完成后,在"建模"界面,选择"检查/显示"工具栏中的"检查回路"功能,单击要检查的回路,打开"动态观察",检查已建模型是否有遗漏,同时还可以查看工程量,如图3-10所示。

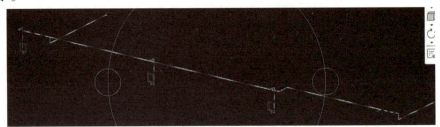

图 3-10　消火栓管道回路检查

4. 管道工程量计算与查看

消火栓管道的工程量计算及查看方法与给排水管道一致,主要有"查看计算式""汇总计算""分类工程量""图元查量""查找图元",其操作方法不再重述。

5. 管道计量与对量

(1)管道清单工程量计算规则

《通用安装工程工程量计算规范》(GB 50856—2013)中规定,水灭火管道工程量应区分不同的管径和材质,按设计图示管道中心线以长度计算。管道安装工程量计算时,不扣除阀门、管件及各种组件所占长度。

(2)管道的计算顺序

消防管道应顺着水流方向先进户管、水平干管,后立管、支管进行计算。

(3)管道界限的划分

室内外消防管道以建筑物外墙皮1.5 m为界,入口设阀门者以阀门为界。

（4）管道工程量对量

消火栓管道工程量计算汇总详见右侧二维码。

消火栓管道及喷淋管道工程量计算汇总表

（四）阀门法兰的算量思路

1. 阀门法兰的识别与新建

阀门法兰的识别在管道识别之后进行，可先"新建"构件再用"设备提量"功能识别，也可先用"设备提量"功能识别再"反建"构件。在导航栏中选择"阀门法兰"，在"建模"界面选择"设备提量"，在平面图或大样图上点选或框选一个阀门，单击鼠标右键确认，再新建阀门构件，在属性框中修改构件材质、类型、连接方式，规格型号不用修改，软件会把管道规格自动识别在阀门上。如果要同时识别多个楼层，可以使用"选择楼层"功能，勾选需要识别的楼层，软件会一次性把全部楼层相同图例的阀门法兰提取出来，如图3.11所示。

图 3-11　反建阀门构件

对于CAD平面图中漏画的阀门法兰，可采用以下方法："点"绘制；在"建模"界面选择"C复制"功能，在系统图或其他图纸上复制阀门法兰图例到平面图上，再用"设备提量"功能进行识别操作；用"表格算量"方法直接手动添加阀门法兰的工程量，如图3.12所示。

图 3-12　阀门表格算量

2. 阀门法兰的漏量检查、工程量计算与查看

阀门法兰的漏量检查、工程量计算与查看和消火栓操作方法一致,这里不再重复介绍。

(五)套做法思路

消火栓灭火
系统套做法

在"工程量"界面,单击"汇总计算"计算所有楼层工程量。工程量计算完成后,单击"套做法"进入套做法界面。如果采用外部清单,可选择"导入外部清单"。多数情况下选择套用规范清单及定额,可单击"自动套用清单"功能,软件会根据分项工程名称、材质、规格套用合适的清单项,对没有套用的或套用不准确的分项工程,再单击"插入清单""查询清单指引"功能就可以添加清单项及所包含的定额子目,如图 3-13 所示。

注意:消防工程中阀门、套管制作安装、管道及设备支架应套用《通用安装工程工程量计算规范》(GB 50856—2013)"附录 K 给排水、采暖、燃气工程"相关编码列项;汇总了所有通头管件的工程量,不用套用清单及定额子目,因为通头管件的数量及单价已包含在管道项目中,不能再重复计取通头管件的费用,出量是为了方便进行施工对量。

		编码	类别	名称	项目特征	表达式	单位	工程量
1	◆	XHS-65 室内消火栓 规格型号<空>					个	11.000
2		030901010001	项	室内消火栓		SL	套	11.000
3		C9-1-81	借	室内消火栓(暗装) 普通公称直径(mm以内)单栓65		SL	套	11.000
4	◆	镀锌钢管 100 螺纹连接 安装部位<空> 消火栓灭火系统					m	126.710
5		030901002002	项	消火栓钢管		CD+CGCD	m	126.710
6		C9-1-35	借	镀锌钢管(螺纹连接) 公称直径(mm以内)100		CD+CGCD	10m	12.671
7	◆	镀锌钢管 65 螺纹连接 安装部位<空> 消火栓灭火系统					m	16.055
8		030901002003	项	消火栓钢管		CD+CGCD	m	16.055
9		C9-1-33	借	镀锌钢管(螺纹连接) 公称直径(mm以内)65		CD+CGCD	10m	1.605
10	◇	接头 钢制 DN100 螺纹连接 安装部位<空> 消火栓灭火系统					个	11.000
11	◆	FM-闸阀-DN100 闸阀 材质<空> DN100 螺纹连接 消火栓灭火系统					个	3.000
12		031003001001	项	螺纹阀门		SL+CGSL	个	3.000
13		C10-5-9	借	螺纹阀门安装 公称直径(mm以内)100		SL+CGSL	个	3.000
14	◆	刚性防水套管-1 套管(水) 刚性防水套管 DN125 喷淋灭火系统					个	3.000
15		031002003001	项	套管		SL+CGSL	个	3.000
16		C10-11-71	借	刚性防水套管制作 介质管道公称直径(mm以内)100		SL+CGSL	个	3.000
17		C10-11-83	借	刚性防水套管安装 介质管道公称直径(mm以内)100		SL+CGSL	个	3.000

图 3-13　集中套做法

七、拓展问题

(1)消防水系统不同材质管道连接方式在哪个菜单下可集中设置?

(2)识别消火栓时,消火栓支管管径默认值为多少?

(3)消火栓灭火装置调试工程量应如何计算?软件中如何体现调试工程量?

八、评价反馈（表3-1）

表 3-1　消火栓灭火系统工程计量学习情境评价表

序号	评价项目	评价标准	满分	评价	综合得分
1	施工图识读	熟悉本工程设计说明； 结合消火栓灭火系统施工平面图、系统图，了解进户管、干管、立管的管道材质、管径、标高及走向	20分		
2	消火栓软件算量	消火栓构件属性定义、识别操作正确； 消火栓漏量检查操作正确； 消火栓查量方法选择正确	15分		
3	消防管道软件算量	管道构件属性定义完整、操作正确； 管道识别与绘制操作正确； 管道回路检查操作正确； 管道查量方法选择正确； 能正确地理解与运用管道工程量计算规则； 管道工程量计算正确	30分		
4	消防设备、阀门法兰、管道附件软件算量	消防设备、阀门法兰、管道附件识别操作正确； 反建构件操作正确	10分		
5	集中套做法	熟悉集中套做法各工具栏的功能； 准确套入所有分项工程的清单项及包含的定额子目	15分		
6	工作过程	严格遵守工作纪律，按时提交工作成果； 积极参与教学活动，具备自主学习能力； 积极参与小组活动，具备倾听、协作与分享意识	10分		
小计			100分		

自动喷淋灭火系统工程计量

一、学习情境描述

自动喷淋灭火系统具有自动喷水、自动报警和初期火灾降温等优点,并且可以和其他消防设施同步联动工作,因此能有效控制、扑灭初期火灾。

下面请依据《建设工程工程量清单计价规范》(GB 50500—2013)、《通用安装工程工程量计算规范》(GB 50856—2013),《湖北省通用安装工程消耗量定额及全费用基价表(第九册 消防工程)》(2018 版),完成实训项目 1 某办公楼施工图纸中自动喷淋灭火系统工程软件建模(图 4-1)及计量,并进行工程量对量,掌握自动喷淋灭火系统工程相关工程量的计算方法。

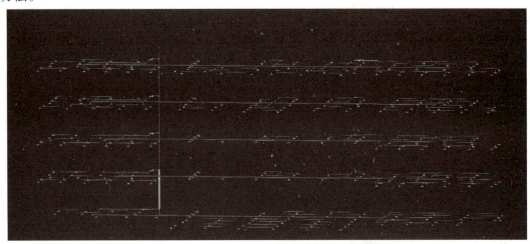

图 4-1 自动喷淋灭火系统管道建模成果图

二、学习目标

(1)能结合实训项目 1 某办公楼施工图纸,选择适当的绘制方法,完成喷头、消防设备、自动喷淋管道、阀门、管道附件及零星构件的属性定义与绘制。

(2)能正确运用清单与定额工程量计算规则,完成自动喷淋管道的工程量计算。

(3)能完成自动喷淋灭火系统工程的做法套用与软件提量。

三、工作任务

(1)识读自动喷淋灭火系统工程相关图纸,完成自动喷淋灭火系统工程的软件建模。

(2)进行自动喷淋灭火系统工程的做法套用与软件提量。

(3)进行工程量对量检查。

四、工作准备

(1)阅读工作任务,识读实训项目1某办公楼施工图纸。

(2)收集《建设工程工程量清单计价规范》(GB 50500—2013)、《通用安装工程工程量计算规范》(GB 50856—2013),《湖北省通用安装工程消耗量定额及全费用基价表(第九册消防工程)》中关于自动喷淋灭火系统工程计量的相关知识。

(3)结合工作任务分析自动喷淋管道计量中的难点和常见问题。

五、工作实施

1. 实训项目1某办公楼施工图纸识读

引导问题1:自动喷淋管道是(   )材质,管道的连接方式为(   ),其中进户管有(   )处,标高是(   ),管径是(   ),刷(   )道沥青漆。

引导问题2:进户水平干管的标高是(   ),管径是(   )。

引导问题3:自动喷淋灭火系统工程中有(   )个立管,管径是(   ),底标高是(   ),顶标高是(   )。

引导问题4:湿式报警装置安装在(   )管道上,水流指示器、信号蝶阀安装在(   )管道上。

引导问题5:末端试水装置安装在第(   )层,其余楼层(有□、没有□)末端试水装置。

引导问题6:自动排气阀安装在(   ),公称直径是(   )。

2. 喷头、管道附件、阀门法兰、零星构件软件算量

引导问题7:自动喷淋灭火系统工程的工程量主要有(   )和(   )两种计量单位,按照软件导航栏顺序应先计算(   )工程量,再计算自动喷淋管道工程量。

引导问题8:软件中喷头算量方法与消火栓算量方法相同,可使用(   )绘制或(   )功能识别。要一次性识别全部楼层的喷头,可使用属性框中的(   )功能。

> **【小提示】** 喷头算量方法
>
> 喷头与消火栓都是"数量"单位,"数量"单位通常使用"点"绘制或"设备提量"功能计算工程量。要识别多个楼层喷头,可使用属性框中的"选择楼层"功能。

引导问题9:软件中喷头的安装类型有(   )、(   )、(   )、(   )、(   )。

引导问题10:自动喷淋灭火系统工程中常见的管道附件有_____。

> **【小提示】** 管道附件
>
> 自动喷淋灭火系统工程中"报警装置""水流指示器""末端试水装置""过滤器"等组件列入软件"管道附件"导航栏下进行定义、识别。

3. 喷淋管道算量

引导问题 11：自动喷淋管道常用的识别方法有（　　　　）、（　　　　）、（　　　　）。

【小提示】　　　　　　　　　　自动喷淋管道识别

软件中自动喷淋管道可使用"喷淋提量""按系统编号识别""选择识别"等功能提量。

引导问题 12：工程中多个楼层的喷淋管道图一致，可采用先识别一层管道图元，再用软件中（　　　　）功能进行多个楼层管道图元的快速建立。

六、相关知识点

（一）喷头算量思路

喷头定义与识别

1. 喷头的新建与属性定义（列项）

在导航栏中选择"喷头"，在构件列表中单击"新建"→"新建喷头"。依据图纸设计说明，在属性框中进行喷头的属性定义，如图 4-2 所示。属性定义内容主要包括喷头的名称、类型、规格型号、标高等。

注意：如果设计没有特别说明，喷头规格按 DN15 定义，连接喷头的短立管为 DN25（一般计算 0.3～0.5 m），喷头和短立管是用 DN25×DN15 大小头连接。

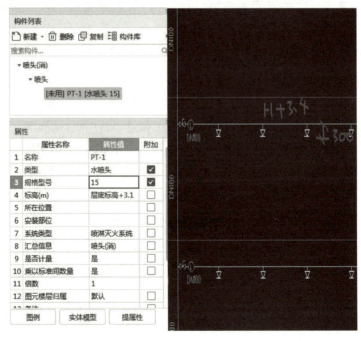

图 4-2　喷头的属性定义

2. 喷头的识别与绘制

在"建模"界面选择"设备提量"，找到图纸中对应的喷头图例，点选或框选一个图例，再单击鼠标右键，出现属性框，确认属性定义是否准确。同时，单击"选择楼层"按钮，勾选全部楼层,软件会一次性把全部楼层相同图例的喷头提取出来。

对于图纸中喷头数量较少或未被识别的喷头,可以使用工具栏中"点"绘制功能,在绘图区鼠标左键单击一点作为构件的插入点(当光标指针显示为"十"字才能绘制),完成绘制。

3. 喷头的漏量检查、工程量计算与查看

喷头的漏量检查、工程量计算与查看和消火栓的操作方法一致,这里就不再重复介绍。

(二)消防设备、管道附件、阀门法兰的算量思路

消防设备、管道附件、阀门法兰都是"数量"单位,其算量思路为:可先"新建"构件再用"设备提量"功能识别,也可先用"设备提量"功能识别再"反建"构件,如图4-3所示。如果平面图或大样图中没有相应图例,可使用"点"绘制功能或在"表格算量"界面直接添加属性及工程量,如图4-4所示。

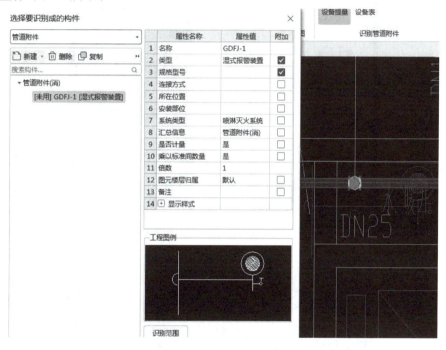

图4-3 湿式报警装置新建与识别

名称	类型	材质	规格型号	系统类型	提取量表达式(单位:套/台/个/m)	手工量表达式(单位:套/台/个/m)	倍数	工程量 数量 [SL]	核对
1 消防设备-1	消防水泵接合器	球墨铸铁	DN100	喷淋灭火系统		1	1	1.000	☐

图4-4 水泵接合器表格算量

(三)喷淋管道的算量思路

1. 喷淋管道的新建与识别

喷淋管道工程量大但管道走向简单、明确,在软件中常用"喷淋提量""按系统编号识别"功能识别。

喷淋提量

　　在导航栏中选择"管道",在"建模"界面选择"喷淋提量",按照状态栏提示"左键框选识别范围,右键确认",弹出"喷淋提量"窗口,编辑管道材质、管道标高、分区反查,完成后单击"生成图元"按钮,如图4-5所示。在"按分区反查"部分,勾选要识别的分区,图纸中该分区管道闪烁;勾选"推荐入水口",图纸中入水口管道编号应为0,如图4-6所示;双击管道错误类型信息,检查管道管径识别是否正确,如管径识别有误,单击窗口中的"修改"功能,在图纸上点中管径进行修改,如图4-7所示。

图4-5　喷淋提量编辑框　　　　图4-6　喷淋提量推荐入水口编号

图4-7　管径修改

　　在导航栏中选择"管道",在"建模"界面选择"按系统编号识别",按照状态栏提示"选择CAD线及代表管径的标识,右键确认",弹出"管道构件信息"窗口,编辑系统类型、管道材质及反建管道构件,单击"确定"按钮生成图元,如图4-8所示。使用"按系统编号识别",喷淋管道生成后连接喷头的小立管不能全部生成时,可使用"生成立管"功能,框选图纸中要生成小立管的所有管道,单击鼠标右键生成小立管,如图4-9所示。

喷淋管道按
系统编号识别

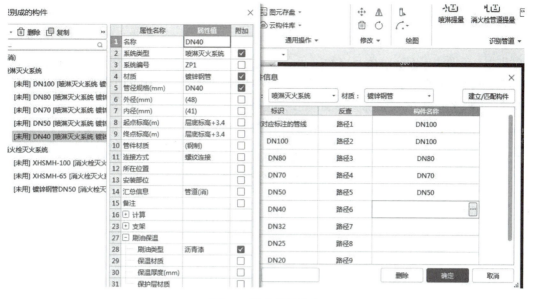

图 4-8 管径构件信息

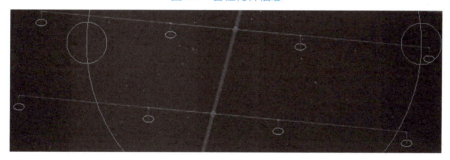

图 4-9 生成小立管

2. 管道的检查及工程量计算与查看

喷淋管道检查及工程量计算与查看的方法与给排水管道、消火栓管道操作方法一致,管道检查可使用"检查/显示"工具栏中的"检查回路"功能,如图 4-10 所示。计算式查看主要有"查看计算式""汇总计算""分类工程量""图元查量""查找图元"等方法,这里就不再重述。

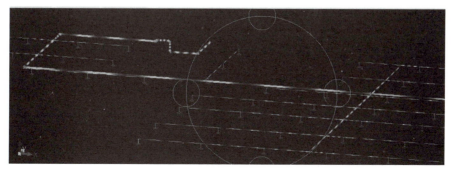

图 4-10 喷淋管道回路检查

(四) 套做法思路

在"工程量"界面,单击"汇总计算"计算所有楼层工程量。工程量计算完成后,单击"套做法"进入套做法界面套清单及定额子目。对清单规范中没有的清单编码,应进行补充,补充项目的编码由通用安装工程清单规范代码 03 与 B 和三位阿拉伯数字组成,并应从 03B001 起顺序编制,同一招标工程的项目不得重码。

注意:管道安装(沟槽连接)已包括直接卡箍件安装,沟槽管件另行执行相关项目。依据《通用安装工程工程量清单计算规范》(GB 50856—2013),图纸中沟槽连接的信号蝶阀清单下应包括信号蝶阀及沟槽管件两个定额子目,如图 4-11 所示。

10	信号蝶阀 蝶阀 不锈钢 DN100 沟槽连接 喷淋灭火系统				个	5.000
11	03B001	补项	沟槽阀门			0.000
12	C10-5-117	定	沟槽阀门 公称直径(mm以内)100	SL+CGSL	个	5.000
13	C9-1-26	定	水喷淋钢管 钢管(沟槽连接) 管件安装 公称直径(mm以内)100	SL+CGSL	10个	0.500

图 4-11　沟槽阀门套清单及定额子目

七、拓展问题

(1)使用"喷淋提量"或"按系统编号识别"识别管道时,图纸中断开的 CAD 管线软件识别不上应如何操作?

(2)计算自动排气阀工程量时是否已包含下面的截止阀,应如何套用清单及定额子目?

八、评价反馈(表4-1)

表4-1 自动喷淋灭火系统工程计量学习情境评价表

序号	评价项目	评价标准	满分	评价	综合得分
1	施工图识读	熟悉本工程设计说明; 结合自动喷淋灭火系统施工平面图、系统图,了解进户管、干管、立管的管道材质、管径、标高及走向	20分		
2	喷头软件算量	喷头构件属性定义、识别操作正确; 喷头漏量检查操作正确; 喷头查量方法选择正确	10分		
3	喷淋管道软件算量	管道构件属性定义完整、操作正确; 管道识别与绘制操作正确; 管道回路检查操作正确; 管道查量方法选择正确; 能正确地理解与运用管道工程量计算规则; 管道工程量计算正确	30分		
4	消防设备、阀门法兰、管道附件软件算量	消防设备、阀门法兰、管道附件识别操作正确; 反建构件操作正确	15分		
5	集中套做法	熟悉集中套做法各工具栏的功能; 准确套入所有分项工程的清单项及包含的定额子目	15分		
6	工作过程	严格遵守工作纪律,按时提交工作成果; 积极参与教学活动,具备自主学习能力; 积极参与小组活动,具备倾听、协作与分享意识	10分		
小计			100分		

建筑电气照明系统工程计量

一、学习情境描述

习近平总书记在党的二十大报告中指出："推动经济社会发展绿色化、低碳化是实现高质量发展的关键环节。""实现碳达峰碳中和是一场广泛而深刻的经济社会系统性变革。立足我国能源资源禀赋，坚持先立后破，有计划分步骤实施碳达峰行动。"电力，是现代文明社会的物质基础。中国有遍布山野乡村的电力毛细血管，也有纵横大江南北的电网大动脉，西电东送工程编织了一张史无前例的庞大电网，打造了世界级样板。2021 年我国国家电网发布"碳达峰、碳中和"行动方案，"十四五"期间提高输送清洁能源比重、构建智能电网，至 2025 年，我国初步建成清洁的、绿色的、国际领先的能源互联网。

下面请依据《建设工程工程量清单计价规范》（GB 50500—2013）、《通用安装工程工程量计算规范》（GB 50856—2013）、《湖北省通用安装工程消耗量定额及全费用基价表（第四册　电气设备安装工程）》（2018 版），完成实训项目 2 某实验楼施工图纸中建筑电气照明系统工程软件建模(图 5-1)，并进行电气工程计量，以及配管配线和电缆清单工程量对量，掌握建筑电气照明系统工程相关工程量的计算方法。

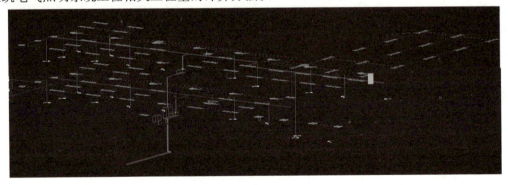

图 5-1　电气照明系统工程建模成果图

二、学习目标

（1）能结合实训项目 2 某实验楼施工图纸，选择适当的绘制方法，完成照明灯具、开关、插座、配电箱柜、桥架、电缆、配管配线、零星构件的属性定义与绘制。

（2）能正确运用清单与定额工程量计算规则，完成建筑电气照明系统工程的工程量计算。

（3）能完成建筑电气照明系统工程软件提量与做法套用。

三、工作任务

（1）识读建筑电气照明系统工程相关图纸，完成建筑电气照明系统工程的软件建模。

（2）进行配管配线和电缆的工程计量及对量检查。

（3）进行建筑电气照明系统工程的软件提量与做法套用。

四、工作准备

（1）阅读工作任务，识读实训项目2某实验楼施工图纸。

（2）收集《建设工程工程量清单计价规范》（GB 50500—2013）、《通用安装工程工程量计算规范》（GB 50856—2013）、《湖北省通用安装工程消耗量定额及全费用基价表（第四册 电气设备安装工程）》（2018 版）中关于配管配线和电缆等工程计量相关知识。

（3）结合工作任务分析配管配线和电缆计量中的难点和常见问题。

五、工作实施

1. 实训项目 2 某实验楼施工图纸识读

引导问题 1：配电干线配线方式为（　　　　　）式。

引导问题 2：总配电箱是（　　　　　）。

引导问题 3：每层强电系统有（　　　）平面图、（　　　）平面图，图中灯具、开关、插座的类型、规格、安装方式有哪些？（　　　　　　　　　　　　　　　　　　　　　　）。

引导问题 4：进户电源采用（　　　　　　　　），敷设方式为（　　　　　　　），从（　　　　　）引至（　　　　　　）。

引导问题 5：在（　　　　　）图上识读 AZ 配电箱，其中进线回路采用（　　　　）电缆，线芯均为（　　　　　），敷设方式为（　　　　　）。

引导问题 6：首层平面图中，桥架的型号规格为（　　　　　），标高为（　　　　　）。

引导问题 7：在系统图上识读 AP-1 配电箱的照明回路有（　　　）个，照明回路的线路敷设方式为（　　　　　）和（　　　　　）。

引导问题 8：AP-1 配电箱 WL1 回路中，导线型号为（　　　　　），导线根数分别有（　　　）、（　　　）、（　　　）、（　　　）根。当导线根数为 2 或 3 根时，配管规格为（　　　　　）；当导线根数为 4 或 5 根时，配管规格为（　　　　　）。

引导问题 9：AP-1 配电箱 WL3 回路中，导线型号为（　　　　　　　），导线根数为（　　　）根，配管规格为（　　　　　　）。

引导问题 10：AP-1 配电箱插座回路有（　　　）个，插座回路导线根数为（　　　）根，导线型号为（　　　　　），配管规格为（　　　　　），敷设方式为（　　　　　）。

【小提示】　　　　　　　　电气工程线路的计算顺序

电气工程线路可按电源进线、干线、支线的顺序进行计算。当线路较多时，注意避免漏算，可按总分配电箱的编号顺序、按每台配电箱的回路编号顺序，逐个回路进行计算。

2. 灯具算量

引导问题 11：图纸中，双管荧光灯的灯具安装方式为（　　　　　）和（　　　　　）。

引导问题 12：灯具的安装方式是（　　　　）属性，安装高度是（　　　　）属性。

引导问题 13：灯具的识别应在（　　　　　）图纸上进行。隐藏 CAD 图元可使用工具栏中的(　　　　　)功能,要显示已隐藏的 CAD 图元,可使用(　　　　　)快捷键勾选"CAD 原始图层"。

引导问题 14:在计算灯具工程量时,可同时在灯具属性框中定义灯具(　　　)、(　　　)和(　　　)等相关属性。

【小提示】　　　　　　　　灯具的安装方式

灯具的安装方式分为吸顶式、吊链式、吊管式、壁装式、嵌入式等。在灯具计量时,需区分灯具的不同安装方式分别列项算量。

3. 开关、插座算量

引导问题 15:开关、插座清单工程量以(　　　)为单位计算。

引导问题 16:在软件中,同时新建灯具、开关、插座构件时,可使用(　　　　　)功能操作。

引导问题 17:在软件中,在实际建立构件的过程中,若需要将图纸中的属性输入至构件列表的属性框内,(　　　)可以将图纸中的 CAD 文字直接提取至属性框内,减少输入属性的时间,提升建立构件的效率。

引导问题 18:在软件中,灯具、开关和插座"可连立管根数"有(　　　)和(　　　)两种方式。

【小提示】　　　　　　照明开关分类(连接方式)

单极开关:控制火线的接通与断开。

双控开关:需两个开关配合使用,可同时控制一个负载。例如,走廊两端、楼梯间、卧室的门口和床边、阳台内外两侧等部位的开关通常可采用双控开关控制灯具。

多控开关:三个开关同时控制一路负载通断。

【小提示】　　　　　　识别灯具、开关、插座的方式

在软件中,需要计算 CAD 图中的灯具数量时,可使用一键提量、设备提量和灯带识别功能实现。计算开关、插座设备数量时,可使用一键提量、设备提量功能,实现点式图元快速提量。

【小提示】　　　　　　　　图元属性刷

在构件识别过程中,可采用构件二次编辑中"图元属性刷"对图元进行私有属性的快速匹配。

4. 配电箱柜软件算量

引导问题 19:在软件中,配电箱的安装方式有(　　　　　)、(　　　　　)。

引导问题 20:配电箱的规格尺寸表示为(　　　)×(　　　)×(　　　),单位为(　　　)。

【小提示】　　　　　　　　配电箱的识别

配电箱识别功能,可以识别图纸中在标识上按照一定规律命名的配电箱,并一次性识别分布在不同楼层的所有符合该命名规则的同系列配电箱,这样可以减少切换楼层的步骤。

5.桥架软件算量

引导问题21:桥架的规格表示为(　　　　)×(　　　　),单位为(　　　　)。

引导问题22:在软件中,桥架的公有属性有(　　　　)、(　　　　)、(　　　　)。

引导问题23:桥架清单工程量按(　　　　)计算,计量单位是(　　　　)。

引导问题24:在软件中,(　　　　)功能可以根据桥架CAD走向和标识自动反建桥架并生成图元。

引导问题25:在软件中,(　　　　)功能可以按照桥架CAD走向和尺寸标注、安装高度,批量进行桥架识别及绘制。

【小提示】　　　　　　　　　　　桥架识别

在软件中识别桥架时,使用"识别桥架"功能,可以按照桥架CAD走向和尺寸标注及安装高度生成桥架图元。使用"桥架系统识别"功能,可以批量进行桥架的识别及绘制。组合使用直线绘制和识别桥架时,以及在不同平面图识别桥架时,应注意检查漏算或桥架模型重合导致的工程量重复计算。

6.电缆软件算量

引导问题26:电缆敷设方式有(　　　　)、(　　　　)、(　　　　)以及(　　　　)等方式。

引导问题27:电缆 YJV 4×180+95 的规格为(　　　　)mm^2。

引导问题28:电缆型号 YJV 4×120 的线芯材质是(　　　　)。

引导问题29:AZ 配电箱 WL1 回路电缆线路标注的含义为(　　　　)。

引导问题30:电缆清单工程量计算规则为(　　　　),计量单位为(　　　　)。

引导问题31:计算电缆清单工程量时,电力电缆头预留长度为(　　　　)m。

引导问题32:电缆进入建筑物的预留长度为(　　　　)m。

引导问题33:AZ 配电箱 WL3 回路电缆线路标注的含义为(　　　　)。

引导问题34:在软件中,电缆长度的计算设置中,计算基数有(　　　　)、(　　　　)、(　　　　)三种选项。

引导问题35:在软件中,可用(　　　　)功能显示配管或桥架中的线缆路径和规格型号。

【小提示】　　　　　　　　　　　配电方式

低压配电系统的配电方式主要有放射式和树干式,由这两种方式组合衍生出来的供电方式有链接式和混合式。

7.配管配线软件算量

引导问题36:电气线路标注中,通常表示吊顶内敷设的符号是(　　　　)。

引导问题37:电气工程中,线路敷设部位文字代号 FC 表示(　　　　)。

引导问题38:NH 在导线型号标注中表示(　　　　)。

引导问题39:导线型号 BV 的含义是(　　　　)。

引导问题40:暗装配电箱的预留导线长度是(　　　　)m。

引导问题41:在计算电气配线清单工程量时,开关和插座内的导线预留长度在计算清单工程量时(　　　　　　)。

　　引导问题 42:在软件中,快速建立配电箱的配电树可用(　　　　　)功能。

　　引导问题 43:在软件中,电气回路的识别功能常用(　　　　)、(　　　　)、(　　　　)。

　　引导问题 44:在软件中,电线导管识别时,CAD 识别选项中靠墙构件的识别方式有(　　　)、(　　　　)、(　　　　)三种。

　　引导问题 45:在软件中,(　　　　　　　)功能可快速将配电箱图元与配管图元进行连接。

　　引导问题 46:在软件中,(　　　　)起点与(　　　　)起点功能配合使用,可解决线缆沿着(　　　　　)敷设的业务场景下线缆长度计算问题。

　　引导问题 47:使用(　　　　　　)功能,可按照电气系统回路进行图元检查,并以特殊的动态效果进行直观显示。

　　引导问题 48:各层配电箱仅用桥架连接的业务场景下,无须选择起点,直接使用(　　　　　)功能即可对跨层桥架进行配线操作。

8.零星构件软件算量

　　引导问题 49:软件中的零星构件主要有(　　　　　)和(　　　　　)两大类。

　　引导问题 50:在软件中,使用(　　　　　)功能,可以快速统计(　　　　　)、(　　　　)、(　　　　),以及根据规范要求导管超过一定长度后布置的接线盒数。

【小提示】　　　　　　零星构件基本内容介绍

　　电气工程零星构件包括接线盒、套管等。电气工程图纸中,由于开关盒、插座盒、接线盒一般不在图上标识,因此计算时容易漏算,应注意按实际安装部位列出相应的清单项并计算工程量。

六、相关知识点

(一)电气工程算量思路

　　电气工程 BIM 算量经典模式下,软件操作步骤分为新建工程、图纸管理、识别绘制、汇总提量、报表输出。安装工程各专业的软件通用功能详见学习情境一中的相关介绍。本节介绍工程设置和图纸管理中电气工程相关部分内容。

1.计算设置

　　在电气工程“工程设置”界面,单击“计算设置”,可见软件中内置了电气工程计算规则,需要按照招标文件规定和实际需求对当前工程的电缆、导线、超高计算方法等计算设置进行相应的选择和编辑匹配,如图 5-2 所示。

2.设计说明

　　在“工程设置”界面,对照图纸将设计说明信息中的内容进行编辑,便于后续相关图元属性生成时自动联动相关属性信息,提高效率。

3.图纸管理

　　在“工程设置”界面,图纸分割有楼层编号模式和分层模式。楼层编号模式下,归属于同一楼层的图纸都会按照顺序全部显示;分层模式下,支持同一楼层切换图纸,则不显示同楼层其他分层的图纸。电气工程同一楼层有多张平面图,如照明平面图、配电平面图、弱电平面图,宜选用分层模式。采用分层模式后,不同分层图纸单独显示,并且不同分层显示不同图纸识别的构件图元,不同分层图元在识别时互不影响,如图 5-3 所示。分层模式下,不会重复计取配电箱、桥架等构件的数量。

图纸分割
分层模式

计算设置

计算设置	单位	设置值
□ 电缆		
□ 电缆敷设弛度、波形弯度、交叉的预留长度	%	2.5
计算基数选择		电缆长度+预留(附加)长度
电缆进入建筑物的预留长度	mm	2000
电力电缆终端头的预留长度	mm	1500
电缆进控制、保护屏及模拟盘等预留长度	mm	高+宽
高压开关柜及低压配电盘、箱的预留长度	mm	2000
电缆到电动机的预留长度	mm	500
电缆至厂用变压器的预留长度	mm	3000
□ 导线		
配线进出各种开关箱、屏、柜、板预留长度	mm	高+宽
管内穿线与软硬母线连接的预留长度	mm	1500
□ 硬母线配置安装预留长度		
带形母线终端	mm	300
槽形母线终端	mm	300
带形母线与设备连接	mm	500
多片重型母线与设备连接	mm	1000
槽形母线与设备连接	mm	500
□ 管道支架		
支架个数计算方式	个	四舍五入
□ 电线保护管生成接线盒规则		
当管长度超过设置米数,且无弯曲时,增加一个接线盒	m	30
当管长度超过设置米数,且有1个弯曲,增加一个接线盒	m	20

参考依据 全国各地预算定额规定要求

图 5-2　电气工程计算设置

名称	比例	楼层	分层
□ 某项目电气工程电施	1:1	首层	分层1
一层照明平面图	1:1	首层	分层1
一层配电平面图	1:1	首层	分层2
一层弱电平面图	1:1	首层	分层3
二层照明平面图	1:1	第2层	分层1
二层配电平面图	1:1	第2层	分层2
二层弱电平面图	1:1	第2层	分层3
屋顶防雷平面图	1:1	屋面层	分层1
基础接地平面图	1:1	基础层	分层1

图 5-3　图纸管理分层模式

图 5-4　电气工程导航栏

4. 电气工程识别计算顺序

在"建模"界面,电气工程识别计算可按导航栏显示,依次从电气照明灯具、开关插座、配电箱柜、电气设备、桥架、电线导管、电缆导管等,按由上至下的顺序进行图元识别,如图5-4所示。

5. CAD 识别选项

CAD识别选项

在电气工程软件中,通过调整"CAD 识别选项"设置值,可以按照用户设置的范围值进行识别操作,以提高识别的正确性。例如,暗装配电箱、壁装式灯具、开关、插座为靠墙构件,软件中靠墙构件的管线识别方式有按图示位置识别管线、按墙中心线识别管线、按自定义距墙设置值识别管线三种,软件默认的是第三种。可以根据工程需要,在"靠墙构件的管线识别的方式"选项中调整,如设置为"按墙中心线识别管线"(图5-5),管线则自动连接至墙中心线,从而提高电气管线工程量计算的准确性。

CAD识别选项

1	设备/桥架和管连接的误差值(mm)	20
2	连续CAD线之间的误差值(mm)	2000
3	判断CAD线是否首尾相连的误差值(mm)	5
4	作为同一根线处理的平行线间距范围(mm)	5
5	判断两根线是否平行允许的夹角最大值(单位为度)	4
6	选中标识和要识别CAD图例之间的最大距离(mm)	1500
7	拉框选择操作中,允许选中CAD弧的最小直径(mm)	1000
8	电气管线回路标识在查找时,标注和管线的最远距离(mm)	500
9	一键识别管线中回路编号距引线或者回路CAD线的距离(mm)	500
10	设备视为靠墙敷设的范围最大距离(mm)	500
11	回路识别操作中,是否将交叉的管线当成同一个回路处理	否
12	靠墙构件的管线识别的方式	按墙中心线识别管线
13	自定义距离设置值(mm)	20

恢复所有项默认设置

图 5-5　CAD 识别选项

需要注意的是,靠墙构件的管线识别方式要按墙中心线识别管线时,需要先识别墙图元才能达到预期效果。墙体的识别在导航栏"建筑结构"专业"墙构件"中,可使用"自动识别""选择识别""直线"功能生成墙构件。

(二)灯具、开关、插座的算量思路

1. 照明灯具、开关插座的新建与属性定义(列项)

灯具、开关、插座的新建

照明灯具、开关插座的新建与属性定义可采用构件列表中的"新建""构件库"方式新建;也可采用"材料表"功能(图5-6)将电气工程施工图材料表中的信息快速提取并一次性新建多个构件,节省建立构件的时间,提高工作效率。

图 5-6 材料表

在"识别"中选择"材料表",框选 CAD 图中的材料表,单击鼠标右键确认,在识别材料表窗口修改设备的名称、标高、对应构件类型等属性,编辑时可进行删除行、删除列、复制行、复制列、合并行、合并列等操作,如图 5-7 所示。

识别材料表—请选择对应列

	图例	设备名称	规格型号			标高(m)
1						
2		名 称	型号及规格	单位	安装方式	层顶标高
3		双管荧光灯	2X28W ~220V		垃圾处理房灯具采用链吊式,吊装1.5米|吸顶安装	层顶标高
4		嵌入式方格栅顶灯	3X28W ~220V	盏	吸顶安装	层顶标高
5		防水防尘灯	1X28W ~220V	盏	吸顶安装	层顶标高
6		球形灯	1X28W ~220V	盏	吸顶安装	层顶标高
7		自带电源事故照明灯	1X28W ~220V	盏	玻璃罩密闭自带蓄电池|底边距地2.4米	层底标高+
8		单向疏散指示灯	1X28W ~220V	盏	玻璃罩密闭自带蓄电池|底边距地0.5米	层底标高+
9		安全出口标志灯	1X28W ~220V	盏	玻璃罩密闭自带蓄电池|门上方0.1米	层顶标高
10		单、双联单控开关	~250V 10A	个	底边距地1.4米	层底标高+
11		三联开关	~250V 10A	个	底边距地1.4米	层底标高+

提示:请在第一行的空白单元格中单击鼠标从下拉框中选择列对应关系

☐ 如果存在同名构件则覆盖原有属性   [删除行] [复制行] [合并行]

[追加识别] [删除列] [复制列] [合并列] [确定] [取消]

图 5-7 识别材料表建立构件

在实际工程建立构件的过程中,可利用"提属性"功能将图纸中的图元 CAD 文字直接提取至属性框内,减少输入属性的时间,提高建立构件的效率,如图 5-8 所示。

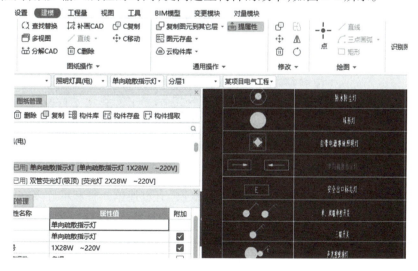

图 5-8 提属性

2. 照明灯具、开关插座的识别

在"建模"界面,照明灯具、开关插座可采用"设备提量""一键提量""点"功能识别。

在"建模"界面单击"设备提量",对照构件列表依次找到图纸中对应的设备图例,点选或框选一个图例,单击鼠标右键,出现属性框,确认属性定义是否准确;同时,可以单击"选择楼层"按钮,勾选需要识别的照明灯具、开关插座的楼层,软件会自动找到相同图例的设备,一次性把全部楼层相同图例的设备生成构件,如图5-9、图5-10所示。

图5-9 照明灯具的识别(设备提量)

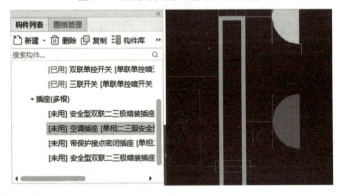

图5-10 开关插座的识别(设备提量)

需要注意的是,照明灯具的属性"可连立管根数"有可连单立管和可连多立管两种,需根据图纸中灯具的实际安装方式匹配。当灯具为墙壁式安装时,可连立管根数需修改为可连多立管,灯具处管线的根数和长度则相应变化,如图5-11所示。

图 5-11 可连立管根数

3.照明灯具、开关插座的漏量检查

照明灯具、开关插座类型较多的,可能存在部分图元漏识别的现象。比如平面图中两种规格的吸顶灯,图例一致,但大小不一样,这时就容易漏算,可利用"漏量检查"功能找到识别过程中疏忽漏掉的图例,以保证计算的准确性。

在"建模"界面,单击"检查/显示"工具栏中的"漏量检查",检查没有被识别的图元,双击图例可准确定位反查到图纸,再用"设备提量"功能补充识别,如图 5-12 所示。

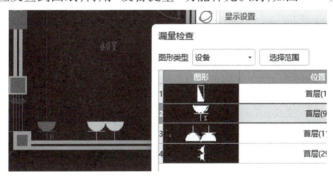

图 5-12 开关插座漏量检查

4.照明灯具、开关插座工程量计算与查看

照明灯具、开关插座工程量查看可用"计算式""设备表""分类工程量""图元查量"等方式。

(1)在"建模"界面,单击"检查/显示"工具栏中的"计算式",下方弹出工程量计算式,可查看本层不同分层下绘制的照明灯具或开关插座的图元工程量,双击计算式,软件会自动选中并定位到图纸中,方便检查及修改图元属性,如图 5-13 所示。

(2)在"建模"界面,单击"识别照明灯具、开关插座"工具栏中的"设备表",可查看所有楼层的设备数量,双击图元任意列,软件会反查定位到图纸中,直观显示图元的数量和位置。

(3)在"工程量"界面,单击"汇总计算",选择需要汇总的楼层进行计算汇总;单击"查看报表",单击左侧"设备",可查看所有楼层对应图元的工程量,并可导出工程量到 Excel 或 PDF 文件中。在"查看报表"界面,选择"设置报表范围",可选择查看某一楼层、某种照明灯具、开关插座的工程量。

(4)在"工程量"界面,单击"分类工程量",可按一定的分类条件进行工程量查看,并可导出工程量到 Excel 或 PDF 文件中,如图 5-14 所示。

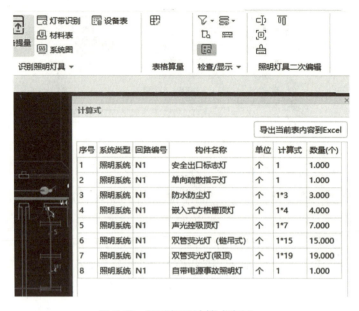

序号	系统类型	回路编号	构件名称	单位	计算式	数量(个)
1	照明系统	N1	安全出口标志灯	个	1	1.000
2	照明系统	N1	单向疏散指示灯	个	1	1.000
3	照明系统	N1	防水防尘灯	个	1*3	3.000
4	照明系统	N1	嵌入式方格栅顶灯	个	1*4	4.000
5	照明系统	N1	声光控吸顶灯	个	1*7	7.000
6	照明系统	N1	双管荧光灯（链吊式）	个	1*15	15.000
7	照明系统	N1	双管荧光灯(吸顶)	个	1*19	19.000
8	照明系统	N1	自带电源事故照明灯	个	1	1.000

图 5-13　照明灯具计算式查量

	分类条件		工程量
	名称	楼层	数量(个)
1	安全型双联二三极暗装插座	第2层	34.000
2		首层	29.000
3		小计	63.000
4	安全型双联二三极暗装插座-1	首层	11.000
5		小计	11.000
6	带保护接点密闭插座	第2层	1.000
7		首层	1.000
8		小计	2.000
9	单联单控开关	第2层	1.000
10		首层	1.000
11		小计	2.000
12		第2层	9.000

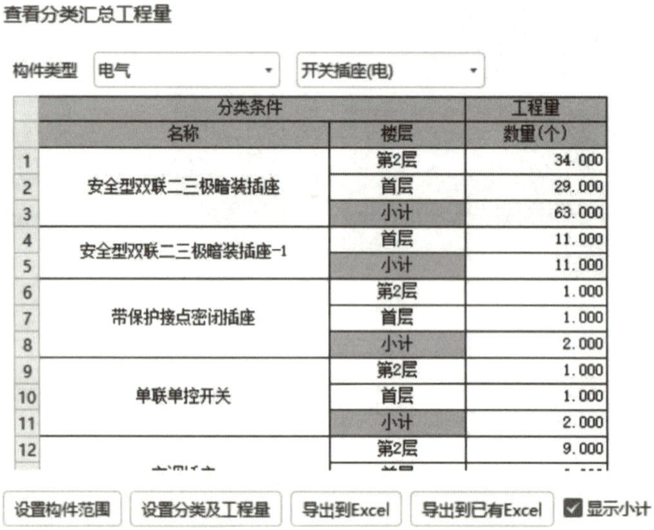

图 5-14　开关插座分类工程量查看

(5)在“工程量”界面,单击“图元查量”,选择需要查量的目标图元,可查看该图元的详细计算式及工程量。

(三)配电箱柜的算量思路

1. 配电箱柜的新建与属性定义(列项)

配电箱柜的新建与属性定义可采用构件列表中的“新建构件”“构件库”方式新建;也可采用“建模”界面的“材料表”“配电箱识别”“系统图”功能建立配电箱柜构件。对比各功能的特点,灵活选择单一或组合方式新建配电箱柜构件。本节重点介绍利用“配电箱识别”“系统图”功能新建配电箱柜的操作方法。

1) 新建配电箱柜(配电箱识别)

在"建模"界面选择"识别配电箱柜",单击"配电箱识别",选择要识别的配电箱柜和标识,单击鼠标右键确认;依据图纸设计说明,在弹出的"构件编辑窗口"进行配电箱柜的属性定义,并选择楼层,则可一次性识别标识为一个系列的配电箱图元,并反建配电箱柜构件。属性定义内容主要包括配电箱柜的类型、规格尺寸、安装方式、标高等,如图5-15所示。

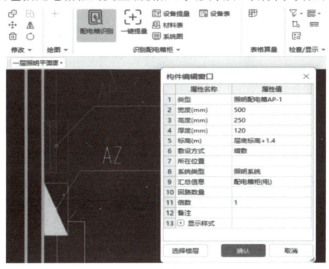

图5-15 新建配电箱柜(配电箱识别)

2) 新建配电箱柜(系统图)

在"建模"界面选择"识别配电箱柜",单击"系统图",在弹出的"系统图"窗口单击"读系统图",拉框选择要识别的内容,在"系统图"窗口检查自动提取的配电箱属性后完成构件新建。在"系统图"窗口,也可通过"添加配电箱"操作,编辑相应属性后完成配电箱柜构件新建,如图5-16、图5-17所示。

图5-16 新建配电箱柜(系统图)

图 5-17　新建配电箱柜(系统图添加配电箱)

2.配电箱柜的识别

在"建模"界面,配电箱柜可采用"设备提量""配电箱识别""点"功能识别计算。

"配电箱识别"功能,可以解决图纸中配电箱标识按一定规律命名的问题,也可以一次性识别分布在不同楼层的所有符合该命名规则的同系列配电箱,减少切换楼层的次数,提高工作效率。

在"建模"界面选择"识别配电箱柜",单击"配电箱识别",左键点选或框选要识别的配电箱图例和标识,构件呈蓝色表示选中,单击鼠标右键确认;在弹出的窗口中,根据图纸要求输入配电箱的属性和需要识别的楼层信息,完成后则生成配电箱图元,并弹出生成图元数量提示信息,如图 5-18 所示。单击"定位检查"按钮,可以查看系统图例未被识别的原因,以及双击位置进行反查定位,如图 5-19 所示。

图 5-18　配电箱识别数量

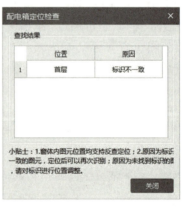

图 5-19　配电箱定位检查

3.配电箱柜的检查

配电箱柜识别完成后,在"建模"界面,选择"检查/显示"工具栏中的"漏量检查"功能,检查是否有遗漏。

4.配电箱柜工程量计算与查看

(1)在"建模"界面,单击"检查/显示"工具栏中的"计算式",下方弹出工程量计算式,可查看本层配电箱柜的图元工程量,双击计算式,软件会自动选中并定位到图纸中,方便检查数量及修改图元属性。

（2）在"工程量"界面，单击"汇总计算"，弹出汇总计算提示框；选择需要汇总的楼层，单击"确定"按钮进行计算汇总；汇总结束后弹出计算汇总成功提示。在"工程量"界面，单击"查看报表"，单击左侧"配电箱柜"，可查看所有楼层配电箱柜的工程量，并可导出工程量到 Excel 或 PDF 文件中。

（3）在"工程量"界面，单击"分类工程量"，可按一定的分类条件进行工程量查看，并可导出工程量到 Excel 或 PDF 文件中。

（4）在"工程量"界面，单击"图元查量"，选择需要查量的图元，可查看该图元的详细计算式及工程量。

（四）桥架的算量思路

1. 桥架的新建与识别

桥架的新建与识别在配电箱柜识别之后进行，可用"识别桥架"中的"识别桥架""桥架系统识别""选择识别"功能，以及"绘制"中的"直线"功能完成。

识别桥架

1）识别桥架

"识别桥架"功能，通过选择桥架两条 CAD 边线和尺寸标注，在弹出的"构件编辑窗口"编辑桥架安装高度等属性，即自动反建构件并生成桥架图元，如图 5-20 所示。"识别桥架"功能中，不能选择其他楼层同步识别。

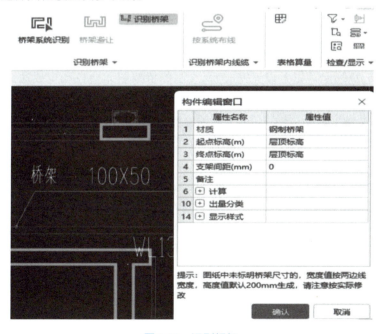

图 5-20 识别桥架

2）桥架系统识别

"桥架系统识别"功能，根据桥架 CAD 走向和标识（支持单线桥架）批量进行桥架的识别和绘制。单击"桥架系统识别"功能，在弹出的"识别桥架"菜单中，依次进行桥架 CAD 线（支持单线或双线桥架）、桥架类型，以及规格标注的选择（图 5-21），然后在弹出的"桥架系统识别"窗口,根据图纸信息编辑构件属性,最后单击"生成图元"后,自动完成桥架系统的批量识别并反建构件,如图5-22所示。

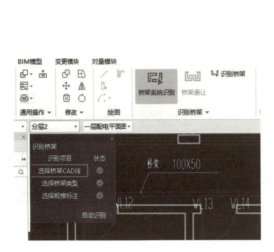

图5-21　桥架系统识别　　　　　　图5-22　桥架系统识别属性编辑

3)桥架直线绘制

选择"绘制"中的"直线"功能,选择桥架的端头起点,在绘图区绘制一段或多段直线,即可生成桥架图元。

4)生成桥架通头

桥架需要生成通头时,在"工具"界面,选择"工具"选项中的"其它",勾选"生成桥架通头"选项,如图5-23所示。以上设置完成后,绘制的桥架图元会自动生成通头;已绘制的桥架没有生成通头的,在通头处重新选择桥架图元,然后拉出来再拉回去即可。

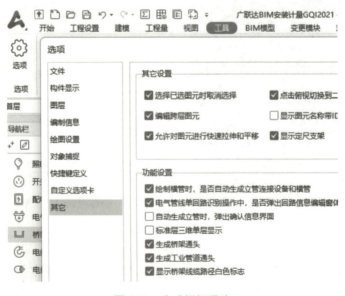

图5-23　生成桥架通头

2.桥架的漏量检查

在导航栏中选择"桥架",在"建模"界面,单击"检查/显示"工具栏中的"漏量检查",检查没有被识别的块图元,双击图例准确定位到图纸,再用"设备提量"功能补充识别。

3.桥架工程量计算与查看

桥架图元的工程量计算与查看与前述图元的计算与查看方式基本相同,主要有"计算式""设备表""汇总计算""分类工程量""图元查量"等方式,此处不再重复介绍。

(五)配管配线的算量思路

1.配管配线的新建与属性定义(列项)

软件中电线导管构件的新建方式有三种,即通过"新建""构件库""系统图"功能建立构件。本节主要介绍"识别电线导管"中的"系统图"功能。

电气工程的管线计算复杂,回路信息梳理烦琐且较难追溯,计算完管线工程量后,检查校核需要重新翻阅系统图图纸。"系统图"功能通过快速定义配电箱属性,通过识别电气系统图的回路信息快速定义回路构件,依据末端连接设备自动生成配电系统树关系图。

选择"识别电线导管"中的"系统图"功能,框选配电箱的系统图,可以快速读取回路构件信息并添加至回路构件区域;当电气系统图不规范时,可以执行"读系统图"功能分步进行系统图的识别;也支持对回路构件的各个属性进行逐列识别,以达到快速建立回路构件的目的,如图5-24所示。

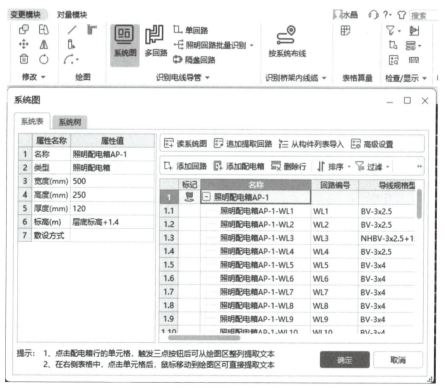

图 5-24　读系统图

在"系统图"的"系统表"界面,通过读系统图、添加配电箱、添加回路,进行系统图信息提取。通过复制、删除、粘贴可以快速编辑回路构件。在建立配电箱及管线构件时,如果目前窗口内有不恰当的属性,软件会以红色显示提醒用户,直至修改正确,如图5-25所示。

图5-25　构件错误信息提示

在"系统图"的"系统树"界面,根据属性末端负荷的对应关系,在界面右侧生成构件的配电系统树,如图5-26所示。

图5-26　系统树

配电箱回路信息提取编辑完毕,单击"确定"按钮后,快速生成回路构件,且回路构件按照配电箱信息进行构件分组,如图5-27所示。

2. 配管配线的识别与绘制

在电线导管识别前,要按实际工程图纸要求完成靠墙构件识别方式的相应设置,确保线路的走向和工程量计算正确,同时需完成配电箱识别和桥架构件识别。

图 5-27 生成配电回路构件

识别电线导管的方式有多种,如"单回路""多回路""照明回路批量识别""选择识别""直线"等功能,可根据实际情况灵活选择识别方式。

1) 单回路

"单回路"功能一次只能识别同一回路的管线,可以识别 CAD 线绘制的回路,并能快速识别图纸上标注的布线根数,生成管线模型。

单回路

在"建模"界面,选择"识别电线导管"中的"单回路"功能,在弹出的窗口中依次按"选 CAD 线(必选)""选回路编号"(可不选)和"确认起点"(可不选)顺序操作,如图 5-28 所示。鼠标左键点选代表回路的 CAD 线时,与该 CAD 线相连通的回路呈蓝色选中状态,此时可以检查回路选中状态是否正确,还可以使用鼠标左键进行适当的补充、取消选中等操作。

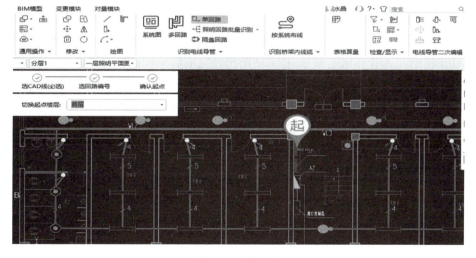

图 5-28 单回路

回路检查完毕后,单击鼠标右键,弹出"选择要识别成的构件"窗口,选择已有构件或新建构件,单击"确定"按钮,进行管线构件模型的生成。若需要设置与灯具连接的立管材质,可以在窗口内进行修改。

当回路中有回路根数标识时,会弹出"构件编辑窗口"。对不同的导线根数,单击构件名称后的三点按钮,在弹出的"选择要识别成的构件"窗口中选择或新建对应的构件,单击"确定"按钮。在"构件编辑窗口"中,软件会自动识别导管管径和规格型号,规格型号可以根据需要自行编辑,编辑好构件名称、回路编号及汇总信息后,单击"确定"按钮生成管线图元。如某导线根数,未选择构件名称,则对应的回路中该标识不生成管线。

　　其次,当回路中导线根数变化较复杂时,单击"单回路-回路信息"窗口中导线根数后的三点按钮,可定位反查回路导线根数,单击根数数字可进行修改。另外,单击"设置配管规格",在"配管规格"窗口可根据导线根数设置修改为实际的配管管径,如图5-29所示。

图5-29　单回路-回路信息

2) 多回路

　　"多回路"功能可一次性识别多个回路,并根据图纸信息自动判别回路走向和导线根数。

　　在"建模"界面,选择"识别电线导管"中的"多回路"功能,鼠标左键点选回路CAD线(图元)、选择回路编号,每个回路选择完成后单击鼠标右键确认,依次完成多个回路的操作。在实际操作时,可以由配电箱中间向两边,按先左后右的顺序选择CAD管线,管线生成时,在配电箱边缘会自动一字排开连接到配电箱中。当要识别的回路选择完成后,最后单击右键确认后会弹出"回路信息"窗口,如图5-30所示。

多回路

图5-30　多回路

　　在"回路信息"窗口,需要根据实际工程图纸编辑配电箱信息(图 5-31),单击构件名称后的三点按钮,弹出"选择要识别成的构件"窗口,选择对应的回路构件。若此窗口中无构件建立,则单击"新建"按钮,进行配管配线新建;如之前已通过"系统图"功能定义好了构件,则可在构件搜索框中输入构件名称,快速定位需要识别的构件,如图 5-32 所示。

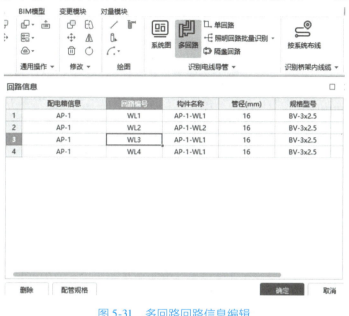

图 5-31　多回路回路信息编辑

图 5-32　选择要识别的构件

多回路的配管规格也可通过"配管规格"窗口进行编辑,实现导线根数与配管规格的实际匹配,如图 5-33 所示。

多回路识别有两种模式:一是使用构件的配电箱信息和回路编号属性值;二是回路共用构件模式,如图 5-34 所示。软件默认是第一种,勾选时,将会匹配所选构件的回路信息及配电箱信息。若所选构件无对应配电箱信息或回路编号,可在选择构件时取消该复选框勾选,切换至回路共用构件模式。

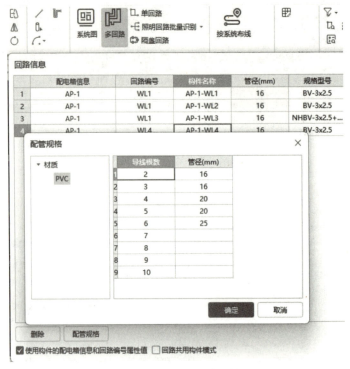

图 5-33　多回路配管规格

☑ 使用构件的配电箱信息和回路编号属性值　☐ 回路共用构件模式

图 5-34　多回路识别模式

3) 照明回路批量识别

电气专业图纸较为复杂,需要平面图和系统图对照看,在计算时需要逐个配电箱逐条回路地计算,软件中一般通过多回路功能进行计算,虽然提高了效率,但也需要用户逐条回路去选择,还会出现漏选等现象。实际业务中,利用"照明回路批量识别"功能,能一键快速完成全部照明管线算量,检查、修改灵活方便,极大地提升了算量工作效率。

在"电气专业-电线导管"构件类型下,在"建模"界面,选择"识别电线导管"中的"照明回路批量识别"功能。鼠标左键拉框选择照明系统图后右键确认,软件根据所选的系统图在平面图上生成全部管线图元,并会生成构件树。构件列表中会通过构件树反建相应的构件。

识别完回路后,可以进行"回路校核",检查各个回路的属性设置是否有误,如图 5-35 所示。窗口右侧显示回路校核,单击"展开"按钮,显示回路属性。单击配电箱可以进行图元的反查;单击回路编号可以对整趟回路进行反查,并且可以显示回路信息。

"照明回路批量识别"功能支持无系统图情况下,根据平面图完成管线识别,再二次编辑回路信息,进行管线识别。

图 5-35　照明回路批量识别

3. 组合管道

安装算量软件在识别管线时,在图纸中一根线代表多个回路的业务场景下,可将一根线代表多根管的这段 CAD 线识别为组合管道。当线路为导管-桥架、导管分段连接时,也可借助组合管道实现线路的连通。组合管道的用法和桥架的布置类似,配合"设置起点"和"选择起点"功能使得线路连通、完整。组合管道内会计算配管和线缆工程量,而组合管道本身不计算工程量。

组合管道

在"电气专业-电线导管"构件类型下,在构件列表中新建组合管道,根据工程图纸实际情况用"直线"绘制组合管道,如图 5-36 所示。

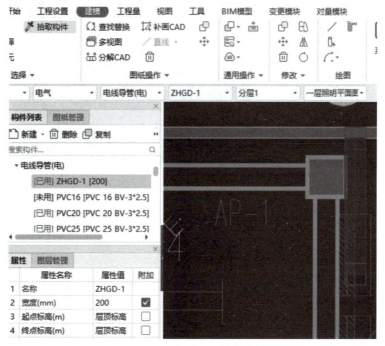

图 5-36　组合管道

识别桥架内线缆

4. 识别桥架内线缆

"识别桥架内线缆"中包含"设置起点""选择起点"功能,与组合管道配合应用使得线路连通。选择"识别桥架内线缆"中的"设置起点"功能,在组合管道、桥架或线槽上设置起点作为配管或裸线计算的起点,如图 5-37 所示。起点的位置通常为线路与配电箱相连处,设置起点完成后以符号"×"为标记,如图 5-38 所示。

图 5-37　设置起点位置

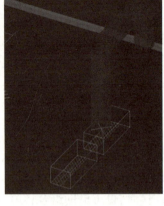

图 5-38　设置起点

设置起点完成后,对与桥架相连的配管和线缆进行选择起点操作。单击"识别桥架内线缆"中的"选择起点",选择管线与桥架相连的导管,并选择设置好的起点及正确路径,如图 5-39 所示。

图 5-39　选择起点

"识别桥架内线缆"中的"桥架配线"功能,可实现动力系统桥架内敷设线路支持跨层配线操作。单击"识别桥架内线缆"中的"桥架配线",选择需要配线的起点处桥架以及终点处桥架,此时需要桥架配线的连通桥架体系呈现亮绿色显示。检查路径是否正确,可以通过反向选择桥架编辑桥架配线路径。在选择构件窗口,选择需要配线的构件,单击"确定"按钮完成桥架内线缆的图元生成。

5. 配管配线的检查

电线导管绘制完成后,在"建模"界面,选择"检查/显示"工具栏中的"显示线缆"功能,可显示桥架、配管中的线缆路径和规格型号,如图 5-40 所示。

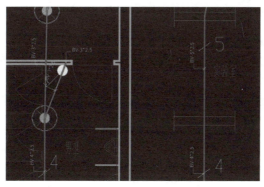

图 5-40　显示线缆

选择"检查/显示"工具栏中的"检查回路"功能,单击要检查的回路,打开"动态观察",可直观查看动态三维模型,检查已建模型是否有遗漏,同时还可以查看工程量,如图 5-41 所示。

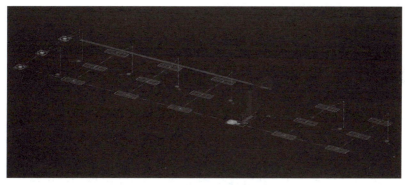

图 5-41　电线导管检查回路

6. 配管配线工程量计算与查看

(1)在"建模"界面,单击"检查/显示"工具栏中的"计算式",下方弹出管线工程量计算式,可查看本层绘制的电气配管配线的图元工程量,计算式中可查看管线水平和竖直长度、配线的预留长度等,如图 5-42 所示。双击计算式时,软件会自动选中图元并定位到图纸中,方便检查。

图 5-42　电线导管计算式

（2）在"工程量"界面，单击"汇总计算"，弹出汇总计算提示框；选择需要汇总的楼层，单击"确定"按钮进行计算汇总；汇总结束后弹出计算汇总成功提示。在"工程量"界面，单击"查看报表"，单击左侧"管线"，可查看所有楼层管线工程量，并可导出工程量到 Excel 或 PDF 文件中。

（3）在"工程量"界面，单击"分类工程量"，可按一定的分类条件进行工程量查看，并可导出工程量到 Excel 或 PDF 文件中。

7. 配管配线的计量与对量

1）配管配线清单工程量计算规则

依据《通用安装工程工程量计算规范》（GB 50856—2013），配管按名称、材质、规格、配置形式、接地要求，钢索材质、规格，按设计图示尺寸长度以"m"计算。配管安装不扣除管路中间的接线箱（盒）、灯头盒、开关盒所占长度。

配线按名称、配线形式、型号、规格、材质、配线部位、配线线制，钢索材质和规格，按设计图示尺寸单线长度以"m"计算（含预留长度）。

2）配管配线的计算顺序

电气配管配线工程，可按电源线、先干线后支线的顺序计算；按总、分配电箱的编号顺序，以及每台配电箱回路的编号顺序依次进行计算。

3）管路接线盒和拉线盒设置

配线保护管遇到下列情况之一时，应增设管路接线盒和拉线盒：①管长度每超过 30 m，无弯曲；管长度每大于 20 m，有 1 个弯曲。②管长度每大于 15 m，有 2 个弯曲。③管长度每大于 8 m，有 3 个弯曲。

垂直敷设的电线保护管遇到下列情况之一时，应增设固定导线用的拉线盒：①管内导线截面为 50 mm^2 及以下，长度每超过 30 m；②管内导线截面为 70 ~ 95 mm^2，长度每超过 20 m；③管内导线截面为 120 ~ 240 mm^2，长度每超过 18 m。

在配管清单项目计量时，设计无要求时，上述规定可以作为计量接线盒、拉线盒的依据。

4）配线预留长度

配线进入盘、柜、箱、板的预留长度见表 5-1。

表 5-1   配线进入盘、柜、箱、板的预留长度

序号	项目	预留长度	说明
1	各种开关箱、柜、板	高+宽	盘面尺寸
2	单独安装（无箱、盘）的铁壳开关、闸刀开关、启动器、母线槽进出线盒等	0.3 m	从安装对象中心算起
3	由地坪管子出口引至动力接线箱	1 m	从管口计算
4	电源与管内导线连接（管内穿线与软、硬母线接头）	1.5 m	从管口计算
5	出户线	1.5m	从管口计算

5）配管配线工程量对量

配管配线工程量计算汇总见右侧二维码。

配管配线工程量计算汇总表

（六）电缆的算量思路

1. 电缆的新建与属性定义（列项）

在安装算量软件中，电缆导管可通过以下三种方式新建构件："系统图"中读系统图，以及构件列表中"新建""构件库"方式。其操作方法同电线导管，此处不再重复介绍。

2. 电缆的识别与绘制

在电缆导管识别前，需要完成配电箱、桥架等构件识别。

需要注意的是，在电缆导管构件识别前，在"工程设置"界面，电气工程"计算设置"中电缆的计算基础需要根据实际情况正确匹配。计算基数设置值有三种：电缆长度；电缆长度+预留（附加）长度；桥架内电缆长度+裸电缆长度。软件默认为第一种，实训项目2需修改为第二种，以保证电缆工程量计算的准确性，如图5-43所示。

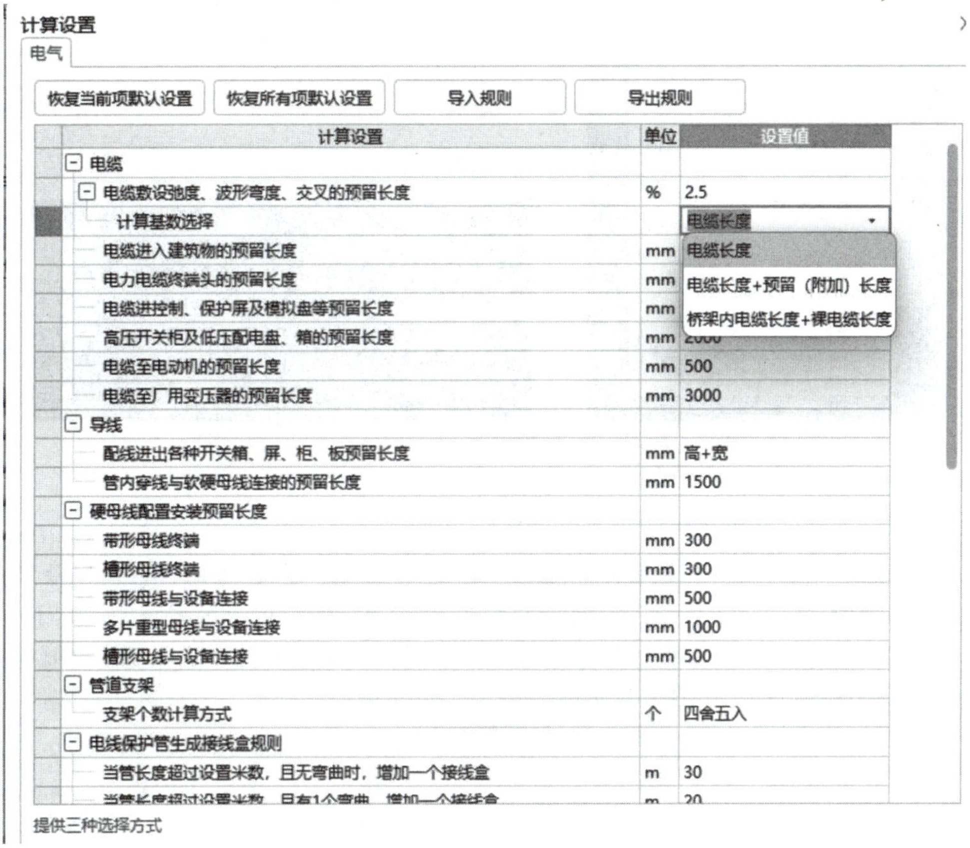

计算设置	单位	设置值
电缆		
电缆敷设弛度、波形弯度、交叉的预留长度	%	2.5
计算基数选择		电缆长度
		电缆长度
电缆进入建筑物的预留长度	mm	电缆长度+预留（附加）长度
电力电缆终端头的预留长度	mm	桥架内电缆长度+裸电缆长度
电缆进控制、保护屏及模拟盘等预留长度	mm	
高压开关柜及低压配电盘、箱的预留长度	mm	2000
电缆至电动机的预留长度	mm	500
电缆至厂用变压器的预留长度	mm	3000
导线		
配线进出各种开关箱、屏、柜、板预留长度	mm	高+宽
管内穿线与软硬母线连接的预留长度	mm	1500
硬母线配置安装预留长度		
带形母线终端	mm	300
槽形母线终端	mm	300
带形母线与设备连接	mm	500
多片重型母线与设备连接	mm	1000
槽形母线与设备连接	mm	500
管道支架		
支架个数计算方式	个	四舍五入
电线保护管生成接线盒规则		
当管长度超过设置米数，且无弯曲时，增加一个接线盒	m	30
当管长度超过设置米数，且有1个弯曲，增加一个接线盒	m	20

提供三种选择方式

图5-43　电缆计算设置

识别电缆导管的方式有多种，如"识别桥架内线缆""单回路""多回路""选择识别""直线"等功能，以上操作方法见配管配线部分的相应内容，此处不再赘述。电缆导管识别时，可根据实际情况灵活选择识别方式。例如，当图纸中该回路没有CAD线时，可用"直线"功能绘制；当图纸中该回路有CAD线时，可用"单回路""多回路"功能识别；当电缆回路跨层时，可用"识别桥架内线缆"中的"桥架配线"功能，实现桥架内敷设线缆，并支持跨层配线。

3. 电缆的检查

电缆绘制完成后,在"建模"界面,选择"检查/显示"工具栏中的"检查回路"功能,单击要检查的回路,打开"动态观察",检查线路模型是否正确,如图 5-44 所示。

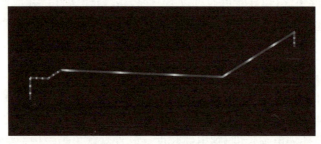

图 5-44 电缆线路检查回路

通过显示线缆,可以查看配管、桥架中的线缆路径和规格型号,如图 5-45、图 5-46 所示。

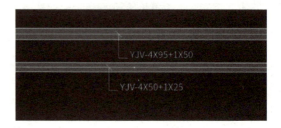

图 5-45 选择显示线缆方式　　　　　　　图 5-46 显示线缆

4. 电缆工程量计算与查看

(1)电缆工程量的计算与查看方式同配管配线工程。在"建模"界面,单击"检查/显示"工具栏中的"计算式",下方弹出工程量计算式,可查看本层绘制的电缆线路的图元工程量。双击计算式,软件会自动选中图元并定位到图纸中,并且在电缆的计算式中显示电缆的水平段、竖直段以及预留长度,如图 5-47 所示。

计算式

导出当前表内容到Excel

序号	系统类型	配电箱	回路编号	构件名称	单位	计算式	长度(m)
1	动力系统	AP-1	N1	AZ-WL3	m	15.629+9.033+2.936+0.981+1.150(立)+0.800(立)	30.529
1.1	动力系统	AP-1	N1	YJV-4*95+1*50	m	(1*15.629+0.391(预留))+(1*9.033+0.226(预留))+(1*2.936+0.073(预留))+(1*0.981+0.025(预留))+(1*1.150+2.279(预留))+(1*0.800+2.520(预留))	36.042
2	动力系统	AP-1	±0.000	AZ-WL4	m	7.911+2.882+1.400+1.150(立)+0.800(立)	14.143
2.1	动力系统	AP-1	±0.000	YJV-4*50+1*25	m	(1*7.911+0.198(预留))+(1*2.882+0.072(预留))+(1*1.400+0.035(预留))+(1*1.150+2.279(预留))+(1*0.800+2.520(预留))	19.247

图 5-47 电缆计算式

(2)在"工程量"界面,单击"汇总计算",弹出汇总计算提示框;选择需要汇总的楼层,单击"确定"按钮进行计算汇总;汇总结束后弹出计算汇总成功提示。在"工程量"界面,单击"查看报表",可查看所有楼层电缆的工程量,如图 5-48 所示。

图 5-48 电缆查看报表

（3）在"工程量"界面，单击"分类工程量"，选择"电线导管（电）"，勾选"查看电缆工程量"，可按一定的分类条件进行工程量查看，并可导出工程量到 Excel 或 PDF 文件中，如图 5-49 所示。

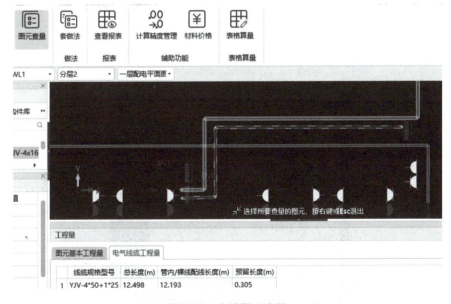

图 5-49 电缆分类工程量查看

（4）在"工程量"界面，单击"图元查量"，选择需要查量的图元，可查看该图元的详细计算式及工程量。在查看图元时，可把状态栏中的"CAD 图亮度"调为 0，灰显 CAD 图，使绘制的图元更清晰可见，如图 5-50 所示。

图 5-50 电缆图元查量

5. 电缆的计量与对量

（1）依据《通用安装工程工程量计算规范》（GB 50856—2013），电缆清单工程量按设计图示尺寸以长度计算（含预留长度及附加长度），计量单位为"m"。

（2）电缆敷设预留长度及附加长度，根据实际工程图纸按表 5-2 确定。

表 5-2　电缆敷设预留长度及附加长度表

序号	项目	预留（附加）长度	说明
1	电缆敷设弛度、波形弯度、交叉	2.5%	按电缆全长计算
2	电缆进入建筑物	2.0 m	规范规定最小值
3	电缆进入沟内或吊架时引上（下）	1.5 m	规范规定最小值
4	变电所进线、出线	1.5 m	规范规定最小值
5	电力电缆终端头	1.5 m	检修余量最小值
6	电缆中间接头盒	两端各留 2.0 m	检修余量最小值
7	电缆进控制、保护屏及模拟盘、配电箱等	高+宽	按盘面尺寸
8	高压开关柜及低压配电盘、箱	2.0 m	盘下进出线
9	电缆至电动机	0.5 m	从电机接线盒算起
10	厂用变压器	3.0 m	从地坪算起
11	电缆绕过梁柱等增加长度	按实计算	按被绕物的断面情况计算增加长度
12	电梯电缆与电缆架固定点	每处 0.5 m	规范最小值

（3）电缆工程量对量。电缆工程量计算汇总见右侧二维码。

电缆及桥架工程量计算汇总表

（七）零星构件的算量思路

在"建模"界面，使用"识别零星构件"中的"生成接线盒"功能，可以统计灯头盒、插座、开关盒的数量，还可以根据规范要求统计导管超过一定长度后布置的接线盒数。根据灯具开关、插座及导管长度可一次性快速生成工程中所有接线盒，也可以根据设备选择的不同分别生成灯头盒和开关盒、接线盒，如图 5-51 所示。

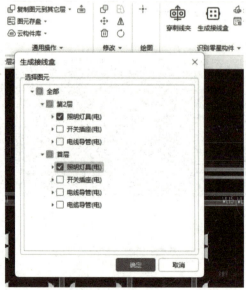

图 5-51　生成接线盒

对于不同材质配管,需要不同材质接线盒进行连接时,可以使用"自适应属性"功能进行属性同步。

首先在电气专业零星构件下,新建接线盒构件,查看其属性,增加 ABS、塑料等接线盒材质;其次,对连接配管的接线盒图元触发"自适应属性"时,可以将配管材质自适应于接线盒图元。

(八)表格算量思路

在一个工程中,同时使用绘图算量和表格算量两种形式,可以满足工程量合并的需求。工程比较小或部分构件在平面图中没有画出来,则可使用"表格算量"的方法补充工程量。在"工程量"菜单下单击"表格算量",在"表格算量"界面添加需要计算的构件,可手动修改名称、类型、材质、规格,也可使用"提标识"功能在图纸上提取相关信息,工程量计算式填写在"提取量表达式(单位:m)"列中,如图 5-52 所示。

图 5-52　表格算量

(九)套做法思路

软件中"套做法"相关操作见学习情境二相关内容,此处不再赘述。

需要注意的是,选择"自动套用清单"时,当软件提示"找不到默认的清单库"时(图5-53),可到"工程设置"界面,单击"工程信息",在弹出的窗口中匹配选择工程所需的清单库属性值即可,如图 5-54 所示。

图 5-53　集中套做法

工程信息

	属性名称	属性值
1	☐ 工程信息	
2	工程名称	生科院电气工程
3	计算规则	工程量清单项目设置规则(2013)
4	清单库	工程量清单项目计量规范(2013-湖北)
5	定额库	[无]
6	项目代号	
7	工程类别	住宅

图 5-54　清单库属性值

七、拓展问题

（1）软件中能够识别配电箱的功能有哪些？各有什么特点？

（2）灯具识别时,灯具的可连立管根数"单根"与"多根"有何区别？一般哪些类型灯具的属性需要设置为可连多根立管？

（3）软件中识别桥架的功能有哪些？各有什么特点？

（4）当靠墙构件的线路没有连至墙中心时,可能是哪些原因造成的？

（5）软件中,哪些功能配合使用可解决线缆穿管-桥架-穿管敷设场景下线缆连通的计算问题？

（6）什么是"平齐板顶"？简述"平齐板顶"的操作步骤。

八、评价反馈（表5-3）

表5-3 建筑电气照明系统工程计量学习情境评价表

序号	评价项目	评价标准	满分	评价	综合得分
1	施工图识读	熟悉本工程设计说明； 结合电气工程施工平面图、系统图，了解干线、支线线路的型号、敷设方式和部位、线路走向	20分		
2	照明灯具、开关插座软件算量	照明灯具、开关插座构件属性定义、识别操作正确； 照明灯具、开关插座漏量检查操作正确； 照明灯具、开关插座查量方法选择正确	10分		
3	桥架软件算量	桥架构件属性定义完整、操作正确； 桥架识别与绘制操作正确； 桥架回路检查操作正确； 桥架查量方法选择正确； 能正确地理解与运用桥架工程量计算规则； 桥架工程量计算正确	5分		
4	电缆的软件算量	电缆构件属性定义完整、操作正确； 电缆识别与绘制操作正确； 电缆回路检查操作正确； 电缆查量方法选择正确； 能正确地理解与运用电缆工程量计算规则； 电缆工程量计算正确	10分		
5	配管配线的软件算量	配管配线构件属性定义完整、操作正确； 配管配线识别与绘制操作正确； 配管配线回路检查操作正确； 配管配线查量方法选择正确； 能正确地理解与运用配管配线工程量计算规则； 配管配线工程量计算正确	20分		
6	零星构件的软件算量	零星构件识别操作正确； 反建构件操作正确	10分		
7	集中套做法	熟悉集中套做法各工具栏的功能； 准确套入所有分项工程的清单项及包含的定额子目	15分		
8	工作过程	严格遵守工作纪律，按时提交工作成果； 积极参与教学活动，具备自主学习能力； 积极参与小组活动，具备倾听、协作与分享意识	10分		
小计			100分		

学习情境六　建筑防雷接地系统工程计量

一、学习情境

雷电是地球上一种常见的自然现象,中国古代早有类似避雷针的装置,唐代《炙毂子》一书记载了这样一件事:汉朝时柏梁殿遭到雷击之后发生火灾,一位巫师建议将一块鱼尾形状的铜瓦放在层顶上,就可以防止雷电所引起的天火。屋顶上所设置的鱼尾形的瓦饰,实际上兼作避雷之用,可认为是现代避雷针的雏形。此后我国古建筑的屋脊上大多安装了这一类金属瓦饰,这类瓦饰高于建筑物,所以即使是猛烈的落地雷,也通常只是击毁了瓦饰,建筑物主体得以保全。21 世纪随着科技的进步,新型避雷装置和技术不断涌现,为建筑防雷提供了更多选择,为人们的生活提供了更多安全保障。

下面请依据《建设工程工程量清单计价规范》(GB 50500—2013)、《通用安装工程工程量计算规范》(GB 50856—2013)、《湖北省通用安装工程消耗量定额及全费用基价表(第四册　电气设备安装工程)》(2018 版),完成实训项目 2 某实验楼施工图纸中建筑防雷接地系统软件建模(图 6-1)及计量,并进行避雷网清单工程量对量,掌握建筑防雷接地系统相关工程量的计算方法。

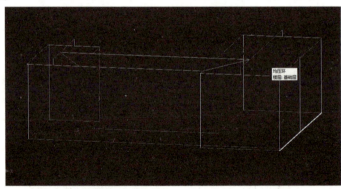

图 6-1　防雷接地装置建模成果图

二、学习目标

(1)能结合实训项目 2 某实验楼施工图纸,选择适当的绘制方法,完成避雷网、引下线、接地母线、均压环等构件的属性定义与绘制。

(2)能正确运用清单工程量计算规则,完成建筑防雷接地系统的工程量计算。

(3)能完成建筑防雷接地系统软件提量与做法套用。

三、工作任务

(1)识读建筑防雷接地系统相关图纸,完成建筑防雷接地系统的软件建模。

(2)进行避雷网的工程计量及对量检查。

(3)进行建筑防雷接地系统的软件提量与做法套用。

四、工作准备

(1)阅读工作任务,识读实训项目2某实验楼施工图纸。

(2)收集《建设工程工程量清单计价规范》(GB 50500—2013)、《通用安装工程工程量计算规范》(GB 50856—2013)、《湖北省通用安装工程消耗量定额及全费用基价表(第四册电气设备安装工程)》(2018版)中关于建筑防雷接地系统工程计量相关知识。

(3)结合工作任务分析防雷接地系统工程计量中的难点和常见问题。

五、工作实施

1. 实训项目2某实验楼施工图纸识读

引导问题1:图纸中,该建筑按第(　　　　)类防雷建筑设计。

引导问题2:防雷接地装置一般由(　　　　)、(　　　　)、(　　　　)三大部分组成。

引导问题3:图纸中,避雷网采用(　　　　　　),敷设方式为(　　　　　　)。

引导问题4:图纸中,引下线的敷设方式为(　　　　　　),引下部位共(　　　)处。

引导问题5:图纸中,利用(　　　　　　　)作为自然接地体。

> 【小提示】　　　　　　建筑防雷接地系统的计算顺序
>
> 建筑防雷接地系统的计算,可沿建筑物按由上至下,或由下至上顺序依次计算。例如,实训项目2中可按避雷带、引下线、接地装置的顺序进行计算。

2. 避雷网、引下线、接地母线算量

引导问题6:避雷针安装,根据设计图纸区分不同的安装场合和针体长度,以(　　　　)为单位计算工程量。

引导问题7:避雷网安装,根据设计图纸区分不同的(　　　　)、(　　　　)、(　　　　)、(　　　　)、(　　　　)项目特征,以(　　　　)为单位计算工程量。

引导问题8:避雷引下线敷设,按(　　　　　　)计算,包含(　　　　　　)长度。

引导问题9:避雷引下线清单项目的工作内容包含避雷引下线的制作安装、(　　　　　)制作安装、(　　　)焊接以及补刷(喷)油漆。

引导问题10:(　　　)、(　　　)、(　　　)的附加长度系数按(　　　)计算。

> 【小提示】　　　避雷网、接地母线、引下线计算方法
>
> 依据《通用安装工程工程量计算规范》(GB 50856—2013),避雷网、接地母线、引下线按施工图设计水平和垂直规定长度另加3.9%的附加长度(包括转弯、上下波动、避绕障碍物、搭接头所占长度)计算。

3. 均压环算量

引导问题11:均压环清单工程量按设计图示尺寸以(　　　　)计算,包含(　　　　)长度。

引导问题12:利用基础钢筋作接地极时,按(　　　　　　)项目编码列项。

引导问题13:软件中,灯具、开关和插座可连立管的根数为(　　　　)和(　　　　)

两种方式。

4.等电位端子箱算量

引导问题14:等电位端子箱,按(   )以(   )为单位计算。

引导问题15:等电位端子箱的规格尺寸表示为(   )×(   )×(   ),单位为(   )。

【小提示】   **等电位联结**

    等电位联结是将建筑物中各电气装置和其他装置外露的金属及可导电部分与人工或自然接地体用导体联结起来以减少电位差,称为等电位联结。等电位联结分为总等电位联结(MEB)和局部等电位联结(LEB)。总等电位联结是将建筑物电气装置外露导电部分与装置外导电部分电位基本相等的连接。建筑物每一电源进线都应做总等电位联结,各个总等电位联结端子板间应互相连通。在局部场所范围内将各可导电部分连通,称为局部等电位联结。可通过局部等电位联结端子板将 PE 母线(或干线)、金属管道、建筑物金属体等相互连通。

六、相关知识点

(一)建筑防雷接地系统算量思路

在导航栏中选择"防雷接地",在"建模"界面选择"识别防雷接地"中相应的识别功能进行绘制操作,如图6-2所示。

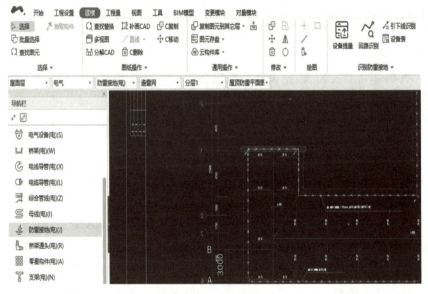

图6-2 识别防雷接地

(二)避雷网的算量思路

1.避雷网的新建与属性定义(列项)

避雷网的新建与属性定义可采用构件列表中的"新建""构件库"方式。在实际工程建立构件的过程中,可利用"提属性"功能将图纸上的图元 CAD 文字直接提取至属性框内,以提高建立构件的效率。

回路识别
(防雷接地系统)

2. 避雷网的识别

在"建模"界面,可采用"回路识别""直线""布置立管"等功能识别绘制避雷网。例如,在"建模"界面选择"回路识别"功能,通过选择避雷网的 CAD 线,软件自动判断回路走向并生成相应的避雷网回路图元,如图 6-3 所示。

图 6-3 避雷网回路识别

需要注意的是,避雷网的私有属性"起点标高"和"终点标高"可以根据实际工程图纸编辑修改,也可以根据实际情况灵活组合应用"直线""布置立管"功能完成建模,如图 6-4 所示。

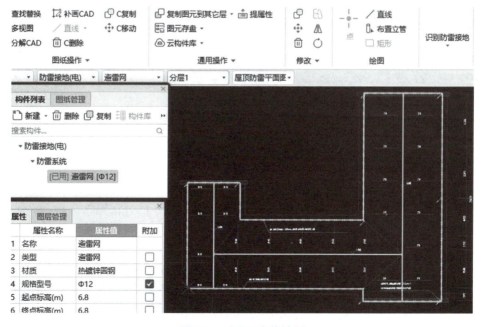

图 6-4 避雷网直线绘制

3. 避雷网的模型检查

在"建模"界面单击"动态观察",检查生成的三维模型,进行补充识别和图元属性的编辑修改,直至模型正确无误,如图6-5所示。

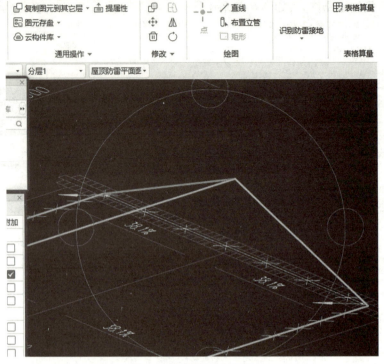

图6-5　避雷网动态观察

4. 避雷网工程量计算与查看

避雷网工程量查看可用"计算式""设备表""分类工程量""图元查量"等方式。计算式中可显示避雷网的长度、附加长度,如图6-6所示。

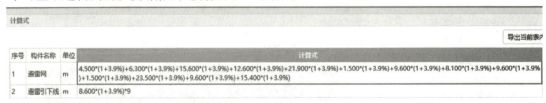

图6-6　避雷网计算式

5. 避雷网的计量与对量

1)避雷网清单工程量计算规则

依据《通用安装工程工程量计算规范》(GB 50856—2013),避雷网按名称、材质、规格、安装部位、安装形式、断接卡箱材质规格,按设计图示尺寸长度(含附加长度)以"m"为单位计算。避雷网的附加长度依据表6-1计算。

表6-1　接地母线、引下线、避雷网附加长度　　　　　　单位:m

项目	附加长度	说明
接地母线、引下线、避雷网附加长度	3.9%	按接地母线、引下线、避雷网全长计算

2）避雷网工程量计算方法

依据避雷网清单工程量计算规则，避雷网工程量可按如下方法计算：

避雷网工程量＝水平长度＋竖直长度＋附加长度

＝（水平长度＋竖直长度）×（1+3.9%）

避雷网工程量
计算汇总表

3）避雷网工程量对量

避雷网工程量计算汇总见右侧二维码。

（三）引下线的算量思路

此处重点介绍引下线新建与识别操作。

1.引下线的新建与属性定义（列项）

引下线的新建与属性定义可采用构件列表中的"新建""构件库"方式，其方法同避雷网的相关操作。引下线属性定义内容主要包括名称、材质、规格型号、标高等。需要注意的是，需根据图纸正确输入引下线的"起点标高"和"终点标高"；依据引下线清单项目的工作内容和工程实际情况，勾选是否计算断接卡子，如图6-7所示。

引下线

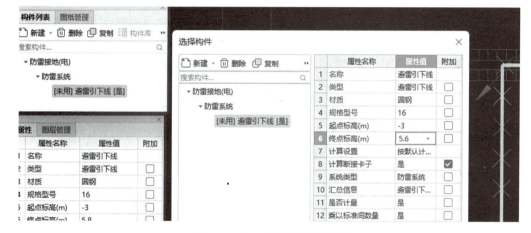

图6-7　引下线构件属性编辑

2.引下线的识别

在"建模"界面，选择"识别防雷接地"中的"引下线识别"功能，通过选择避雷引下线图例，在图纸中相同图例位置生成避雷引下线图元。识别结果如图6-8所示。

图6-8　引下线识别

3.引下线的检查

引下线识别完成后，在"建模"界面，利用"漏量检查""动态观察"等功能帮助检查模型是否正确,如图6-9所示。

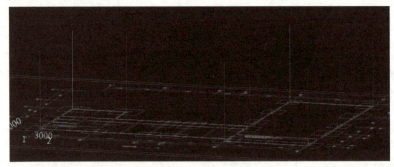

图6-9　引下线动态观察

4.引下线工程量计算与查看

引下线工程量计算与查看方法同避雷网相关操作。

(四)接地母线、均压环的算量思路

1.接地母线、均压环的新建与识别

接地母线、均压环的新建构件同避雷网部分,此处重点介绍接地母线、均压环的识别。

1)识别接地母线

软件中,识别接地母线可采用"回路识别""直线"绘制功能,其操作方法同避雷网。

需要注意的是,当采用电线、电缆作接地线时,《通用安装工程工程量计算规范》(GB 50856—2013)规定应按电线或电缆相应编码列项,因此可以切换至导航栏电线导管或电缆导管界面下,应用"直线"功能绘制较为便捷,如图6-10所示。

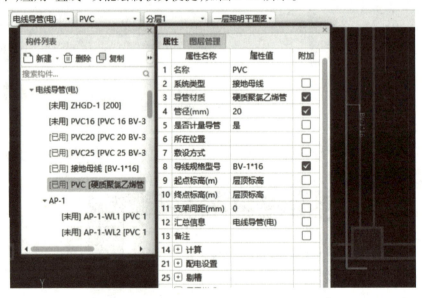

图6-10　接地母线(采用导线)直线绘制

2)均压环识别

均压环识别同避雷网,采用"回路识别"功能,可根据均压环CAD线走向识别生成均压环图元。需要注意的是,利用基础钢筋作接地极时,应按均压环识别。

2.接地母线、均压环工程量计算与查看

接地母线、均压环的工程量计算与查看方法同避雷网。需要注意的是,均压环的计算不需要考虑附加长度,接地母线长度应包含附加长度,如图6-11所示。

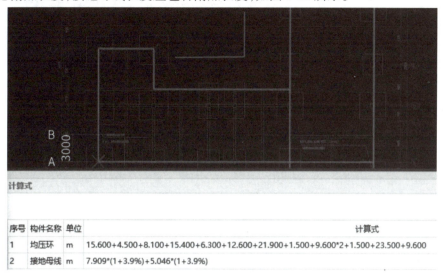

序号	构件名称	单位	计算式
1	均压环	m	15.600+4.500+8.100+15.400+6.300+12.600+21.900+1.500+9.600*2+1.500+23.500+9.600
2	接地母线	m	7.909*(1+3.9%)+5.046*(1+3.9%)

图6-11 接地母线、均压环计算式

(五)等电位箱的算量思路

1.等电位箱的新建与属性定义(列项)

软件中,等电位箱可通过"新建""构件库"方式新建,并依据图纸设计说明编辑构件的名称、类型、材质、尺寸、标高等属性,如图6-12所示。

图6-12 等电位箱属性

2.等电位箱的识别

等电位箱按靠墙构件识别,需完成相应部位的墙构件识别。

识别等电位箱采用"设备提量"功能,可选择楼层快速将全楼相同图例图元一次性识别。

3. 等电位箱工程量计算与查看

等电位箱工程量计算与查看可采用"计算式""查看报表""分类工程量"等方式。

(六)套做法思路

软件中"套做法"相关操作同学习情境二中相关内容,此处不再赘述。

七、拓展问题

(1)避雷引下线可采用哪些功能识别?断接卡子如何处理?

(2)等电位联结线采用导线穿管暗敷和扁钢暗敷,列项计算时有何区别?

八、评价反馈(表6-2)

表6-2 建筑防雷接地系统工程计量学习情境评价表

序号	评价项目	评价标准	满分	评价	综合得分
1	施工图识读	熟悉本工程设计说明; 结合电气工程屋面防雷平面图、基础接地平面图,了解防雷接地工程的工程内容	20分		
2	避雷网软件算量	避雷网构件属性定义、识别操作正确; 避雷网漏量检查操作正确; 避雷网查量方法选择正确; 能正确地理解与运用避雷网工程量计算规则	20分		
3	引下线软件算量	引下线构件属性定义完整、操作正确; 引下线识别与绘制操作正确; 引下线检查操作正确; 引下线查量方法选择正确; 引下线工程量计算正确	10分		
4	接地母线、均压环的软件算量	接地母线、均压环构件属性定义完整、操作正确; 接地母线、均压环识别与绘制操作正确; 接地母线、均压环回路检查操作正确; 接地母线、均压环查量方法选择正确; 能正确地理解与运用接地母线、均压环工程量计算规则; 接地母线、均压环工程量计算正确	15分		
5	等电位箱软件算量	等电位箱构件新建操作正确; 识别等电位箱操作正确	10分		
6	集中套做法	熟悉集中套做法各工具栏的功能; 准确套入所有分项工程的清单项及包含的定额子目	15分		
7	工作过程	严格遵守工作纪律,按时提交工作成果; 积极参与教学活动,具备自主学习能力; 积极参与小组活动,具备倾听、协作与分享意识	10分		
		小计	100分		

通风空调工程计量

一、学习情境描述

随着科技的不断进步,我国通风空调技术也在不断升级和创新。如今,我国的通风空调系统不仅具有高效节能的特点,还拥有智能控制和环保功能。在应对气候变化和提高生活质量的过程中,通风空调系统将继续发挥着重要作用,必将为我国的可持续发展和绿色生态建设提供有力支撑。学生在学习通风空调基本理论、常见设备及工程量计算等知识的同时,也应具有遵守规则和保护环境的意识。

下面请依据《建设工程工程量清单计价规范》(GB 50500—2013)、《通用安装工程工程量计算规范》(GB 50856—2013)、《湖北省通用安装工程消耗量定额及全费用基价表(第七册 通风空调工程)》(2018 版),完成实训项目 3 某别墅施工图纸中通风空调工程软件建模(图 7-1),并进行通风空调工程计量及通风空调工程对量,掌握通风空调工程相关工程量的计算方法。

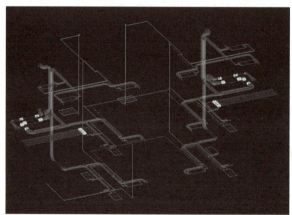

图 7-1 通风空调工程建模成果图

二、学习目标

(1)能结合实训项目 3 某别墅施工图纸,选择适当的绘制方法,完成空调设备、风管、空调水管、风阀及零星构件的属性定义与绘制。

(2)能正确运用清单与定额工程量计算规则,完成通风空调工程的工程量计算。

(3)能完成通风空调工程的做法套用与软件提量。

三、工作任务

(1)识读通风空调工程相关图纸,完成通风空调工程的软件建模。

(2)进行通风空调工程的计量及对量检查。

(3)进行通风空调工程的做法套用与软件提量。

四、工作准备

（1）阅读工作任务，识读实训项目3某别墅施工图纸。

（2）收集《建设工程工程量清单计价规范》（GB 50500—2013）、《通用安装工程工程量计算规范》（GB 50856—2013）、《湖北省通用安装工程消耗量定额及全费用基价表（第七册通风空调工程）》（2018版）中关于通风空调工程计量的相关知识。

（3）结合工作任务分析通风空调工程计量中的难点和常见问题。

五、工作实施

1.实训项目3某别墅施工图纸识读

引导问题1：图纸中有（　　　　）套新风系统，有（　　　　）套多联机系统。

引导问题2：本工程风管为（　　　　　）材质，有（　　　　　）种风管尺寸，分别为（　　　　　　），安装高度是（　　　　　　）。

引导问题3：新风入口有（　　　）个，尺寸为（　　　　）；送风口类型尺寸为（　　　　　）。

引导问题4：图纸中有（　　　）中不同规格型号室内机，规格型号分别为（　　　　　　　）。

引导问题5：图纸中与室内机连接的管道类型分别为（　　　　　）、（　　　　　），尺寸分别为（　　　　）、（　　　　）。

引导问题6：图纸中空调供水管、空调回水管材质为（　　　　　），安装高度为（　　　　）。

引导问题7：图纸中防火阀有（　　　）个，防火温度为（　　　　）。

【小提示】　　　　　　　　　新风系统

新风系统分为管道式新风系统和无管道新风系统两种。管道式新风系统由新风机和管道配件组成，通过新风机净化室外空气导入室内，通过管道将室内空气排出；无管道新风系统由新风机组成，同样由新风机净化室外空气导入室内。相对来说，管道式新风系统由于工程量大，更适合工业或者大面积办公区使用；而无管道新风系统因为安装方便，更适合家庭使用。

2.通风设备软件算量

引导问题8：通风空调工程工程量主要有（　　　）和（　　　）两种计量单位，按照软件导航栏顺序应先计算（　　　　　）工程量，再计算管道工程量。

引导问题9：通风空调工程计量软件的算量思路是（　　　　　）、（　　　　　）、（　　　　　）、（　　　　）。

引导问题10：本工程通风设备的识别应在（　　　　　）图纸上进行。隐藏CAD图元可使用工具栏中的（　　　）功能，要显示已隐藏的CAD图元，可使用（　　　　）快捷键勾选"CAD原始图层"。

【小提示】　　　　　　通风设备识别注意事项

通风设备应在有管线连接的平面图或大样图上识别，这样才能保证与通风设备连接的管线识别的准确性；在识别通风设备时可隐藏不必要的平面图，以免通风设备重复识别；有些卫生器具图例大小不一致，但都代表一种器具，识别时可以通过"CAD识别选项"调整相关数值，提升识别率。

3. 新风管道软件算量

引导问题 11：软件在计算新风管道工程量时，可同时在管道属性框中定义管道
（　　　　　）、（　　　　　）、（　　　　　）、（　　　　　）和（　　　　　）的相关数据。

引导问题 12：管道支架工程量计算可在管道属性框定义，也可在（　　　　　）属性框中定义。管道支架清单工程量包含在（　　　　　　　　　）。

引导问题 13：在软件中，管道表面刷油应区分油漆涂料的不同（　　　　），以（　　　　）和（　　　　）为单位计算。管道保温、绝热工程以（　　　　）和（　　　　）为单位计算。

引导问题 14：当系统图和平面图不在一个界面时，用管道"工程绘制"界面的（　　　　）功能可快速查看系统图。

引导问题 15：在软件中，风管提量计算有（　　　）、（　　　）和（　　　）3 种计算方式。

【小提示】　　　　　　　　风管展开面积的计算

在软件"计算设置"中，提供了两种计算风管展开面积的方式，分别是按风管尺寸内径计算和按风管尺寸外径计算，可根据图纸要求选择适当的计算方式。

4. 风阀、管道附件软件算量

引导问题 16：在软件中，常见的风阀类型有 _____。

引导问题 17：在软件中，常见的风管管道附件类型有 _____。

引导问题 18：风阀、风管管道附件应在识别了（　　　　）图元之后进行识别。

【小提示】　　　　　　　　风阀、管道附件的识别

风阀、管道附件识别应在管道图元识别后进行，一般应在平面图或大样图上识别。

5. 空调水管道软件算量

引导问题 19：在计算空调水管道工程量时，可同时在管道属性框中定义管道（　　　　）、（　　　　）和（　　　　）的相关数据。

引导问题 20：在软件中，水平空调水管提量有（　　　　）和（　　　　）两种方式，立管用"管线提量"中的（　　　　）命令。

【小提示】　　　　　　　　空调水管的绘制

水冷式中央空调系统的水系统包括冷却水系统和冷冻水/热水系统（一般采用单管制，夏天循环冻水，冬天循环热水）。当有多根空调水管并列敷设时，使用"管线提量"中的"多管绘制"命令。

引导问题 21：识别卫生器具时绘制了"标准间"，当大样图管道绘制完成后可使用"标准间"的（　　　　）功能，完成管道工程量的自适应。

6. 零星构件软件算量

引导问题 22：在软件中，通风空调工程的零星构件是（　　　　　　）。

引导问题 23：在软件中，通风空调工程常见的套管类型有 _____。

六、相关知识点

前述学习情境采用的是 BIM 算量的经典模式,本学习情境采用快速出量的简约模式进行介绍。

(一)通风设备的算量思路

1.通风设备的新建与属性定义(列项)

(1)在导航栏中选择"通风设备",在构件列表中单击"新建"→"新建通风设备"。依据图纸设计说明,在属性框中进行通风设备的属性定义,如图 7-2 所示。属性定义内容主要包括通风设备的名称、类型、规格型号、设备高度、标高等,对于设计说明或图纸中没有提到的信息按软件默认值即可。

图 7-2　通风设备的属性定义

(2)在导航栏中选择"通风设备",在构件列表中单击"构件库"也可以快速定义图纸需要的通风设备,同时在属性框进行属性定义。属性框中有两种字体,蓝色字体为共有属性,黑色字体为私有属性,相同名称的构件共有属性只能有一种,修改一个图元的共有属性,其余图元共有属性也随着变化;相同构件的私有属性可以有多种,选中修改一个图元的私有属性,其余图元的私有属性不变。

(3)风口及风阀的新建与属性定义方法同通风设备的新建与属性定义。

2.通风设备的识别与绘制

通风设备的识别与绘制有两种方式,一种方式为:在"工程绘制"界面选择"设备提量"

功能,对照构件列表依次找到图纸中对应的设备图例,点选或框选一个图例,单击鼠标右键,出现属性框,确认属性定义是否准确,软件会自动将图纸界面中相同图例的设备一次性提取出来,如图 7-3 所示。另一种方式为:在"工程绘制"界面选择"通风设备"功能,点选或框选一个图例,单击鼠标右键,根据图纸设计说明填写"构件编辑窗口"中的共有属性及私有属性,软件会自动将图纸界面中相同图例的设备一次性提取出来,如图 7-4 所示。

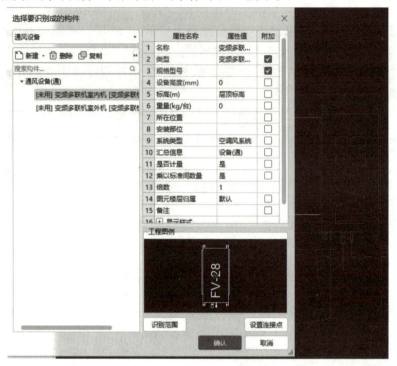

图 7-3　通风设备的识别(一)

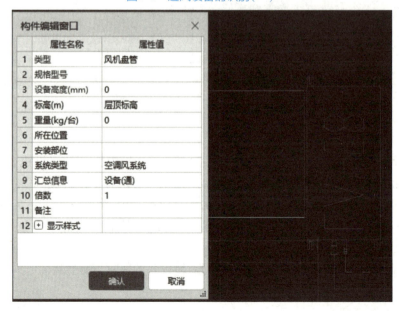

图 7-4　通风设备的识别(二)

3. 风口的识别与绘制

风口定义
与识别

在导航栏中选择"风口",在"工程绘制"界面选择"系统风口提量"功能,点选或框选一个图例,单击鼠标右键,选择"全图识别",在弹出的"设置风口属性"窗口双击"数量"定位到图纸,确定是否勾选识别,并选择"对应构件",最后单击"确认"按钮,软件会自动将图纸界面中相同图例的风口一次性提取出来,如图7-5、图7-6所示。

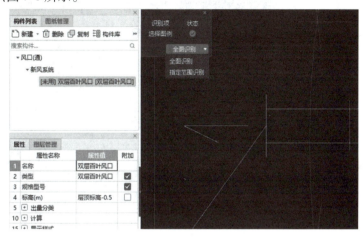

图7-5 风口的识别(一)

图7-6 风口的识别(二)

4. 风阀的识别与绘制

在导航栏中选择"风阀",在"工程绘制"界面选择"风阀提量"功能,点选或框选一个图例,单击鼠标右键,选择"全图识别",在弹出的"选择图例"窗口勾选"未连风管",最后单击"确定"按钮,软件会自动将图纸界面中相同图例的风阀一次性提取出来,如图7-7、图7-8所示。

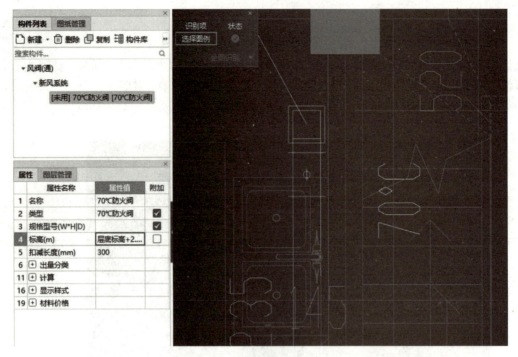

图 7-7　风阀的识别（一）

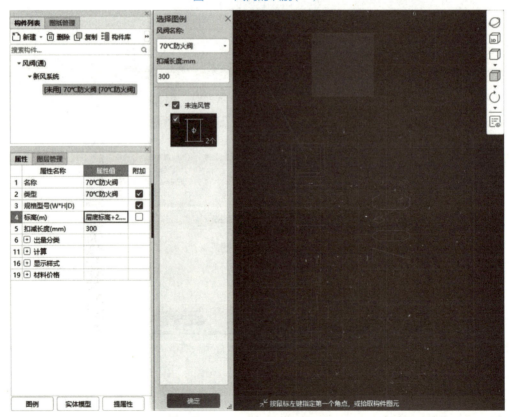

图 7-8　风阀的识别（二）

5. 通风设备的漏量检查

在"检查编辑"界面,单击"检查模型"工具栏中的"漏量检查",检查没有被识别的块图元,双击图例准确定位到图纸,再用"设备提量"等功能补充识别,如图7-9、图7-10所示。

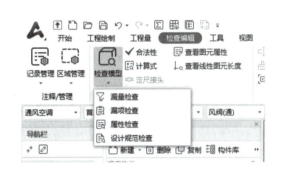

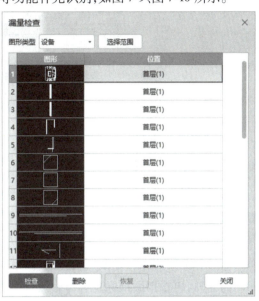

图7-9 通风空调漏量检查 图7-10 通风空调漏量检查

6. 通风设备工程量计算与查看

(1)在导航栏中选择"通风设备",在"检查编辑"界面,单击"检查/显示"工具栏中的"计算式",下方弹出工程量计算式,可查看本层绘制的通风设备的图元工程量,双击构件名称或计算式,软件会自动选中图元并定位到图纸中,方便检查及修改图元属性。

(2)在导航栏中选择"风口",在"检查编辑"界面,单击"检查/显示"工具栏中的"计算式",下方弹出工程量计算式,可查看本层绘制的风口的图元工程量,双击构件名称或计算式,软件会自动选中图元并定位到图纸中,方便检查及修改图元属性。

(3)在导航栏中选择"风阀",在"检查编辑"界面,单击"检查/显示"工具栏中的"计算式",下方弹出工程量计算式,可查看本层绘制的风阀的图元工程量,双击构件名称或计算式,软件会自动选中图元并定位到图纸中,方便检查及修改图元属性。

(4)在"工程量"界面,单击"汇总计算",弹出汇总计算提示框;选择需要汇总的楼层,单击"确定"按钮进行计算汇总;汇总结束后弹出计算汇总成功提示。在"工程量"界面,单击"查看报表",单击左侧"通风空调",可查看所有楼层通风设备的工程量,并可导出工程量到Excel或PDF文件中。在"查看报表"界面,选择"设置报表范围",可选择查看某一楼层某种通风设备的工程量。

(5)在"工程量"界面,单击"分类工程量",可按一定的分类条件进行工程量查看,并可导出工程量到Excel或PDF文件中,如图7-11所示。

(6)在"工程绘制"界面,单击"图元工具"→"图元查量",选择需要查量的图元,可查看该图元的详细计算式及工程量。

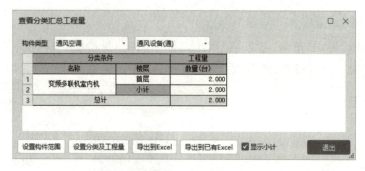

图 7-11　通风设备分类工程量查看

（二）管道的算量思路

1.通风管道的新建与属性定义（列项）

　　在导航栏中选择"通风管道"，在"工程绘制"界面，在构件列表中单击"新建"→"新建矩形风管"。依据图纸设计说明，在属性框中进行风管的属性定义，如图 7-12 所示。新建风管可采用"复制"功能迅速建立管道构件。属性定义内容主要包括管道的名称、系统类型、系统编号、材质、宽度、高度、厚度等，管道标高可先不进行修改，在"管线提量"时软件会弹出修改标高的窗口，再根据图纸标高进行修改。

　　当施工图纸中管道有刷油、保温、支架说明时，可在管道属性框进行定义，软件会自动计算其工程量，如图 7-13 所示。

图 7-12　新建风管

图 7-13　风管属性定义

2.风管的识别与绘制

1）水平管道绘制

　　在"工程绘制"界面，单击"管线提量"工具栏中的"直线"，选择要绘制的水平风管规格，并在弹出的"直线绘制"窗口根据图纸要求输入安装高度，然后找到 CAD 平面图中水平风管的位置进行直线绘制。在绘制管道时,建议打开状态栏中的"正交"按钮,保证管道横平竖直,当两段水平管道标高不同时,软件会自动生成小立管,如图7-14所示。

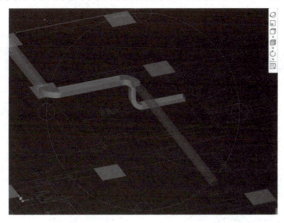

图7-14　两标高不同的水平风管间生成的小立管

2)立管绘制

在"工程绘制"界面,单击"管线提量"工具栏中的"布置立管",选择要绘制的立管管道规格,并在弹出的"布置立管"窗口输入底标高和顶标高(图7-15),找到CAD平面图中立管管道位置,单击鼠标左键绘制立管。

风管除了使用绘制功能外,也可使用"选择识别(风)"功能。单击"选择识别(风)"功能,选择风管的CAD线及代表管道管径的一个标识,单击鼠标右

图7-15　立管的定义与绘制

键确认,软件自动生成管道,在构件属性框中根据图纸设计说明修改其属性,生成后使用动态观察进行检查、修改。

3. 风管的检查

管道绘制完成后,在"工程绘制"界面,选择"图元工具"中的"检查回路"功能,单击要检查的回路,打开"动态观察",检查已建模型是否有遗漏,同时还可以查看工程量。

4. 风管工程量计算与查看

(1)在"检查编辑"界面,单击"检查/显示"工具栏中的"计算式",下方弹出工程量计算式,可查看本层绘制的风管的图元工程量,双击计算式,软件会自动选中并定位到图纸中,方便检查管径及修改图元属性。

(2)在"工程量"界面,单击"汇总计算",弹出汇总计算提示框;选择需要汇总的楼层,单击"确定"按钮进行计算汇总;汇总结束后弹出计算汇总成功提示。在"工程量"界面,单击"查看报表",单击左侧"风管",可查看所有楼层管道长度、展开面积工程量,并可导出工程量到Excel或PDF文件中。

(3)在"工程量"界面,单击"分类工程量",可按一定的分类条件进行工程量查看,并可

导出工程量到 Excel 或 PDF 文件中。

（4）在"工程绘制"界面，单击"图元工具"→"图元查量"，选择需要查量的图元，可查看该图元的详细计算式及工程量，如图 7-16 所示。

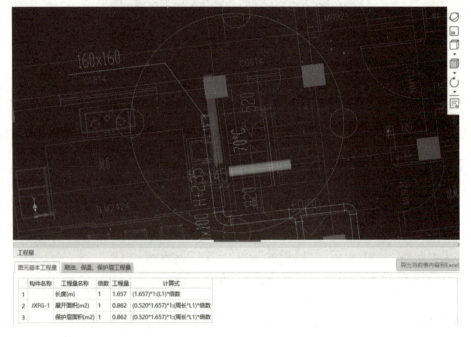

图 7-16　图元查量

5. 风管计量与对量

（1）风管清单工程量计算规则

依据《通用安装工程工程量计算规范》（GB 50856—2013），风管长度一律以设计图示中心线长度为准（主管与支管以其中心线交点划分），包括弯头、三通、变径管、天圆地方等管件的长度，但不包括部件所占的长度。风管展开面积不扣除检查孔、测定孔、送风口、吸风口等所占面积；风管展开面积不包括风管、管口重叠部分面积。风管渐缩管：圆形风管按平均直径，矩形风管按平均周长计算。

（2）风管的计算顺序

新风或送风管应顺着风流方向先进户管、水平干管，后立管和支管；排风管道的计算可按管道的安装顺序先排出管、干管，后立管、支管，也可按排风的风流方向先支管后干管的顺序计算管道工程量。

注：空调水管的软件提量思路与给排水管道一致，此处不再赘述。

（3）风管工程量对量

风管工程量计算汇总见右侧二维码。

（三）风阀、风口的算量思路

1. 风阀、风口的识别与新建

风阀、风口是在管道识别之后进行，可采用反建构件的思路完成。

通风空调管道
工程量计算
汇总表

在导航栏中选择"风阀",在"工程绘制"界面选择"风阀提量"功能,在平面图上点选或框选一个阀门图例,单击鼠标右键确认,在属性框中修改构件名称、类型、规格型号、标高、扣减长度,软件会把风管规格自动附着在阀门、管道附件上,如图7-17所示。

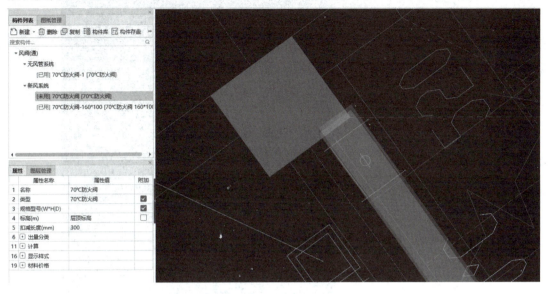

图 7-17 反建风阀构件

2. 风阀、风口的漏量检查

在导航栏中选择"风阀"或"风口",在"检查编辑"界面,单击"检查/显示"工具栏中的"漏量检查",检查没有被识别的块图元,双击图例准确定位到图纸,再用"风阀提量"或"系统风口提量"功能补充识别。

3. 风阀、风口工程量计算与查看

风阀、风口与通风设备都是数量单位,它们查看工程量的方式基本相同,主要有"计算式""设备表""汇总计算""分类工程量""图元查量"等多种查看方式。

(四)零星构件的算量思路

套管算量有两种方法,一种是"点"绘制,另一种是"生成套管"。对于工程中套管较多的情况,建议使用"生成套管"功能可快速生成工程中所有套管。

1. "点"绘制操作方法

在导航栏中选择"零星构件",在"工程绘制"界面,在构件列表中单击"新建"→"新建套管"。依据图纸信息定义属性框中套管的名称、类型、材质、规格,注意标高不用修改。然后用"点"绘制完成套管的绘制,软件会把管道标高自动附着在套管上,如图7-18所示。

2. "生成套管"操作方法

在导航栏中选择"建筑结构",先识别"墙"和"现浇板",然后选择导航栏中的"通风空调"→"零星构件"→"生成套管"功能,选择套管类型、规格及是否需要"生成孔洞",单击"确定"按钮生成套管,如图7-19所示。

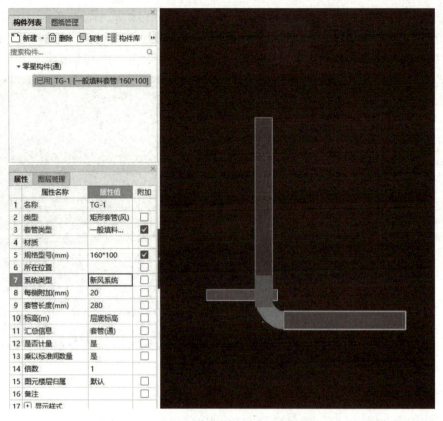

图 7-18　零星构件的定义与绘制

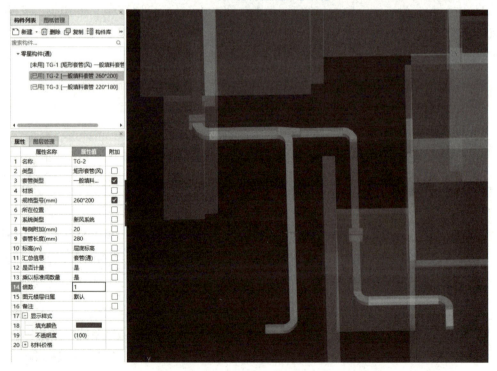

图 7-19　墙体套管的生成

注意：在识别"墙体"时要根据图纸内容修改属性框中墙体的类型"内墙"或"外墙"，墙体类型不同生成的套管类型就不同，通常情况下穿外墙用刚性防水套管，穿内墙用一般钢套管。另外，还需检查"墙体"的"其它属性"中的墙体标高，只有管道标高在墙体标高内，软件才能生成穿墙套管。

（五）表格算量思路

在"工程绘制"界面单击"表格算量"，在"表格算量"界面添加需要计算的构件，可手动修改名称、类型、材质、规格型号，也可使用"提标识"功能在图纸上提取相关信息。工程量计算可使用"数数量"功能提取图纸上相同图例的工程量，也可使用手动方式直接添加工程量，如图 7-20 所示。

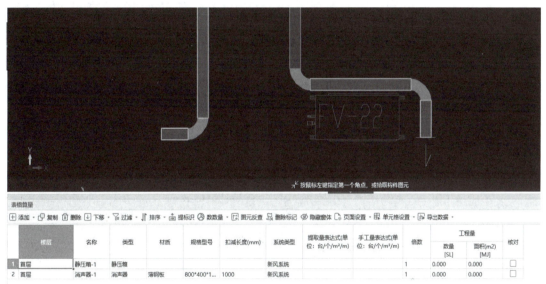

图 7-20　表格输入

（六）套做法思路

在"工程量"界面，单击"汇总计算"计算所有楼层工程量。工程量计算完成后，单击"套做法"进入套做法界面。如果采用外部清单，可选择"导入外部清单"。多数情况下选择套用规范清单及定额，可单击"自动套用清单"功能，软件会根据分项工程名称、材质、规格套用合适的清单项，对没有套用的或套用不准确的分项工程，再单击"插入清单""查询清单指引"功能就可以添加清单项及所包含的定额子目，如图 7-21 所示。

注意：套做法中汇总了所有通头管件的工程量，不用套用清单及定额子目，因为通头管件的数量及单价已包含在管道项目中，不能再重复计取通头管件的费用，出量是为了方便进行施工对量。

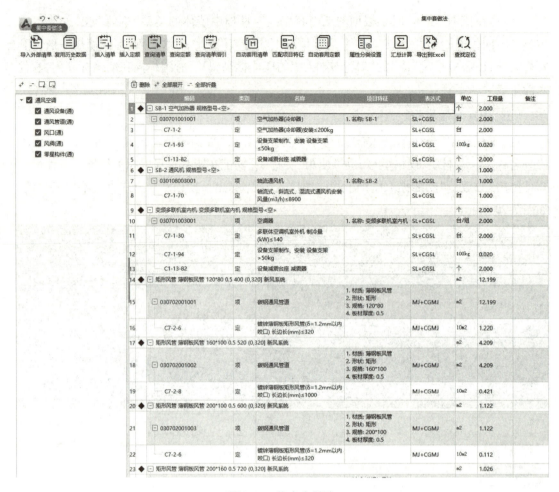

图 7-21　集中套做法

七、拓展问题

（1）如果图纸中每层通风空调系统布局都相同，识别首层室内机、风管后，如何快速识别其他楼层的室内机、风管？

（2）如何快速修改同名称的私有属性？

（3）在"通用设备"导航栏下没有"批量选择管"，是什么原因造成的？

（4）什么是"图元查量"？简述"图元查量"功能的操作步骤。

八、评价反馈（表7-1）

表 7-1　通风空调工程计量学习情境评价表

序号	评价项目	评价标准	满分	评价	综合得分
1	施工图识读	熟悉本工程设计说明； 结合通风空调施工平面图、系统图，了解干管、立管管道的管径、标高及走向； 熟悉通风设备及支管管道的管径、标高及走向	20分		
2	通风设备软件算量	通风设备构件属性定义、识别操作正确； 通风设备漏量检查操作正确； 通风设备查量方法选择正确	15分		
3	风管软件算量	风管构件属性定义完整、操作正确； 风管识别与绘制操作正确； 风管回路检查操作正确； 风管查量方法选择正确； 能正确地理解与运用风管工程量计算规则； 风管工程量计算正确	30分		
4	风阀、风口、零星构件软件算量	风阀、风口识别操作正确； 反建构件操作正确； "生成套管"功能操作正确	10分		
5	集中套做法	熟悉集中套做法各工具栏的功能； 准确套入所有分项工程的清单项及包含的定额子目	15分		
6	工作过程	严格遵守工作纪律，按时提交工作成果； 积极参与教学活动，具备自主学习能力； 积极参与小组活动，具备倾听、协作与分享意识	10分		
		小计	100分		

模块二
工程计价

学习情境八　招标工程量清单编制

一、学习情境描述

位于湖北省武汉市知音湖畔的火神山医院,采用标准化、通用化、模块化设计,虽然整个项目从设计到交付仅用了 10 天时间,但包括了完整的给水工程、排水工程、雨水工程、消防工程。其污水系统对应三区两通道分别设置污染区排水管网和清洁区排水管网,排水管网均直接排至预接触消毒池进行消毒,室外污水管网为密封系统。作为招标文件的一个重要组成部分,招标工程量清单是工程"质"与"量"的具体体现与要求,招标工程量清单编制人员应始终保持谨慎和严谨的工作态度,在追求速度和效率的同时,注重清单的完整性与准确性。

下面请依据实训项目的安装工程图纸、《建设工程工程量清单计价规范》(GB 50500—2013)、《通用安装工程工程量计算规范》(GB 50856—2013)、《湖北省通用安装工程消耗量定额及全费用基价表》(2018 版)及《湖北省建筑安装工程费用定额》(2018 版),完成实训项目招标工程量清单的编制。招标工程量清单封面如图 8-1 所示。

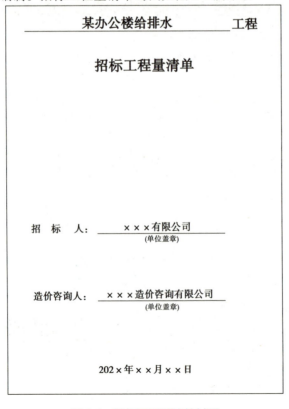

图 8-1　招标工程量清单封面

二、学习目标

（1）能在计价软件中新建工程，正确地选择计价方式、地区标准、定额标准和计税方式。

（2）能在计价软件中根据实训项目任务编制分部分项工程项目清单、措施项目清单、其他项目清单、规费与税金项目清单。

（3）能形成招标工程量清单文件及电子标文件。

三、工作任务

（1）熟悉招标文件、施工方案及相关资料文件。

（2）结合计量计价规范和定额要求，整理计量成果。

（3）编制分部分项工程项目清单、措施项目清单、其他项目清单、规费与税金项目清单。

（4）完成招标工程量清单文件和电子标文件的编制。

四、工作准备

（1）阅读工作任务，收集并熟悉招标文件、施工现场情况等工程量清单编制所需资料。

（2）熟悉《建设工程工程量清单计价规范》（GB 50500—2013）、《通用安装工程工程量计算规范》（GB 50856—2013）、《湖北省通用安装工程消耗量定额及全费用基价表》（2018 版）及《湖北省建筑安装工程费用定额》（2018 版）等相关标准、规范。

（3）结合工作任务分析招标工程量清单编制过程中的难点和常见问题。

五、工作实施

1. 新建招标项目

引导问题1：新建招标项目时，应选择新建（　　　　　）项目，（　　　　　）计价模式。

引导问题2：新建招标项目时，地区标准为（　　　　　），定额标准为（　　　　　），单价形式为（　　　　　），模板类别为（　　　　　），计税方式为（　　　　　），税改文件为（　　　　　）。

引导问题3：新建招标项目时，单项工程和单位工程如何新建？

引导问题4：新建招标项目时，项目结构能否调整？

2. 编制招标工程量清单

引导问题5：招标工程量清单应包括（　　　　　　　　　　　　　）。

引导问题6：分部分项工程项目清单五要件是指（　　　　　　　　　　　　）。

引导问题7：如何将计量结果导入招标项目中？

引导问题8：编制分部分项工程项目清单时，可以通过（　　　　　　）确定项目编码、名称和单位。

引导问题9：如何编制分部分项工程项目清单的项目特征？

引导问题10：在输入分部分项工程项目工程量时，在"工程量表达式"输入和在"工程量"输入有何区别？

引导问题11：在计价软件中，如何进行招标工程量清单的分部整理？

引导问题12：措施项目清单包括（　　　　　　　）和（　　　　　　　）。

引导问题13：在计价软件中，安装工程的脚手架搭拆费应如何确定？

引导问题14：其他项目清单包括（　　　　　　　　　　　　　　）。

引导问题15：编制招标工程量清单时，应确定其他项目清单的哪些内容？

引导问题16：规费指（　　　　　　　　　），税金指（　　　　　　　　）。

引导问题17：编制招标工程量清单时，规费与税金项目清单应如何编制？

【小提示】 　　　　　　　　　　**工程量明细**

在实际工作中，有时需要将多个部位的工程量加在一起进行提量或进行手工算量，并将计算手稿保存在软件中，此时处理方法一般有两种：一是选择相应清单项目，单击"工程量表达式"，输入各工程量，进行算术计算。在输入工程量表达式时，可以用大括号对各部分工程量进行备注，方便后期查看。二是选择相应清单项目，在"工程量明细列表"中，根据计算手稿将计算内容输入软件中。

3. 编制招标工程量清单文件

引导问题18：招标工程量清单文件包括哪些内容？装订顺序是怎样的？

引导问题19：招标工程量清单的封面、扉页应如何填写？

引导问题20：招标工程量清单的总说明应如何编写？

引导问题21：在计价软件中，报表的"设计"功能和"编辑"功能有何区别？

引导问题22：生成招标文件前，可以通过（　　　　　）、（　　　　　）功能进行项目检查。

引导问题23：如何导出招标文件？

引导问题24：如何生成电子标？

六、相关知识点

1. 招标工程量清单

招标工程量清单是招标人依据国家标准、招标文件、设计文件以及施工现场实际情况编制的，随招标文件发布供投标报价的工程量清单，包括其说明和表格。招标工程量清单应由具有编制能力的招标人或受其委托、具有相应资质的工程造价咨询人编制。招标工程量清单应以单位（项）工程为单位编制，由分部分项工程项目清单、措施项目清单、其他项目清单、规费和税金项目清单组成。

编制招标工程量清单的依据如下：

（1）《建设工程工程量清单计价规范》（GB 50500—2013）和相关工程的国家计量规范；

（2）国家或省级、行业建设主管部门颁发的计价定额和办法；

（3）建设工程设计文件及相关资料；

（4）与建设工程有关的标准、规范、技术资料；

（5）拟定的招标文件；

（6）施工现场情况、地勘水文资料、工程特点及常规施工方案；

（7）其他相关资料。

2. 创建工程

在计价软件中，创建工程的操作流程如下：

（1）新建招标项目

进入 GCCP6.0 软件，单击"新建预算"，选择"地区"，单击"招标项目"。依据招标文件要求，结合拟建项目情况，确定项目名称、地区标准、定额标准、单价形式、模板类别、计税方式、税改文件等，单击"立即新建"按钮，进入项目结构树，如图 8-2 所示。鼠标右键单击结构树中的招标项目，选择"新建单项工程"，在新建单项工程窗口输入单项工程名称，可新建单项工程；鼠标右键单击结构树中的单项工程，选择"重命名"，可修改单项工程名称。鼠标右键单击结构树中的单项工程，选择"新建单位工程"或"快速新建单位工程"，可新建单位工程；鼠标右键单击结构树中的单位工程，选择"重命名"，可修改单位工程名称。

新建工程	? ×
📍 地区　湖北	

招标项目　投标项目　定额项目　单位工程/清单　单位工程/定额

项目名称	XX工程电气安装工程
项目编码	001
地区标准	湖北交接接口2018
定额标准	湖北2018序列定额
单价形式	综合单价
模板类别	武汉地区
计税方式	一般计税法
税改文件	鄂建办（2019）93号

立即新建

图 8-2　新建招标项目

（2）新建单位工程

进入 GCCP6.0 软件，单击"新建预算"，选择"地区"，单击"单位工程/清单"。依据工程情况，选择清单库、清单专业、定额库、定额专业、单价形式、计税方法、税改文件等内容，单击"立即新建"按钮即可。

3. 编制分部分项工程项目清单

分部分项工程项目清单必须载明项目编码、项目名称、项目特征、计量单位和工程量。项目编码用 12 位阿拉伯数字表示，前 9 位依据清单规范给定的全国统一编码设置，后 3 位由编制人根据拟建工程的工程量清单项目名称和项目特征设置。项目名称应按清单规范附录中的项目名称，结合拟建工程实际确定。项目特征是构成分部分项工程项目自身价值的本质特征，应按清单规范附录中规定的项目特征，结合拟建工程实际予以描述。计量单位应按清单规范附录中规定的计量单位确定。工程量应按清单规范附录中规定的工程量计算规则计算。

分部分项工程
项目清单编制

在计价软件中的操作要点如下：

1）清单子目输入

（1）直接输入，即手工输入完整清单编码，直接带出清单内容。在一级导航栏选择"编制",在"项目结构树"选择单位工程,在二级导航栏选择"分部分项",然后选中编码列,直接输入完整的清单编码(如镀锌钢管 031001001001),然后按回车键确定,软件自动带出清单名称、单位。

(2)关联输入,即在知道清单或定额的名称,但不知道编码的情况下,在名称列输入清单名称,软件实时检索显示包含输入内容的清单子目。在"分部分项"界面,选择名称列,输入清单名称(如洗脸盆),软件实时检索出相应的清单项,鼠标点选清单项即可完成输入。

(3)查询输入,即当对清单或定额不熟悉时,可以直接通过"查询"窗口查看清单或定额,并完成输入。在"分部分项"界面,单击功能区的"查询",选择"查询清单";在"查询"窗口,按照章节查询清单,找到目标清单项后选中,然后单击"插入",或者双击鼠标左键即可完成输入,如图 8-3 所示。

图 8-3　查询输入清单项目

2)项目特征输入

在"分部分项"界面,选中清单项目,单击属性区的"特征及内容",根据工程实际选择或输入项目特征值,完成后,软件会自动同步到清单项的项目特征框。也可以在清单项的项目特征框,手动输入文本项目特征,如图 8-4 所示。

图 8-4　项目特征输入

3）工程量输入

清单工程量的输入，可以根据工程量计算结果，在"分部分项"界面，选中相应的清单项目，在"工程量"中直接输入工程量；也可以单击"工程量表达式"，输入工程量计算式，计算结果直接反映在"工程量"中；也可以在选中相应的清单项目后，单击属性区的"工程量明细"，输入各部分的工程量或工程量计算式，计算结果直接反映到"工程量"中。

4）数据导入

（1）导入 Excel 文件。在"分部分项"界面，单击功能区的"导入"→"导入 Excel 文件"，在"导入 Excel 表"窗口，首先选择需要导入的 Excel 表，然后选择需要导入的 Excel 表中的数据表，再选择数据表需要导入到软件中的位置；检查软件自动识别的分部行、清单行（子目行）是否有出入，并对错误地方进行手动调整；检查调整后，单击"导入"按钮，选中数据表中的数据即导入到软件相应位置。识别后的数据表在导入软件中时，如需要覆盖软件中已有的数据，可以勾选"清空导入"，然后再单击"导入"按钮。

（2）单位工程导入。在"分部分项"界面，单击功能区的"导入"→"导入单位工程"，在"导入单位工程"窗口选择要导入的单位工程，单击"导入"按钮。在"设置导入规则"窗口，根据工程需要进行勾选，单击"确定"按钮即可。

（3）导入算量文件。在"分部分项"界面，单击功能区的"导入"→"导入算量文件"，选择需要导入的算量工程，再选择需要导入的做法，单击"导入"按钮即可，如图 8-5 所示。

图 8-5 导入算量文件

5）整理清单

（1）分部整理。工程量清单编制完成后，一般都需要按清单规范（或定额）提供的专业、章、节进行归类整理。在二级导航栏选择"分部分项"，然后选中所有项目清单，单击功能区的"整理清单"→"分部整理"，根据需要选择按专业、章、节进行分部整理，然后单击"确定"按钮，软件即可自动完成清单项的分部整理工作。

（2）清单排序。在实际工作中，需要多人编制同一个招标文件时，由于不同楼号录入的清单顺序差异较大，以及编制过程中对编制内容的删减和增加，造成清单的流水码顺序不对，此时可以通过"清单排序"功能对清单顺序进行排列。在二级导航栏选择"分部分项"，然后选中所有项目清单，单击功能区的"整理清单"→"清单排序"，然后根据需要，选择重排流水码、清单排序或保存清单顺序，再单击"确定"按钮，软件即可自己完成清单排序。

4. 编制措施项目清单

措施项目清单包括单价措施项目清单和总价措施项目清单。安装工程的单价措施项目费一般包括超高增加费、高层建筑增加费、安装与生产同时增加费、有害环境增加费、脚手架搭拆费、系统调试费等，往往以人工费的一定比率计算。总价措施项目清单是不能计量的项目，如安全文明施工费，编制时以"项"为单位，仅需列出项目编码和项目名称。

如果单独编制招标工程量清单，在计价软件中，单价措施项目清单的编制方法与分部分项工程项目清单一样，须列出项目编码、项目名称、项目特征、计量单位和工程量，但应在二级导航栏选择"措施项目"，在"单价措施项目费"下完成单价措施项目清单的编制，如图 8-6 所示。如果招标工程量清单与报价一同编制，则在报价时通过计取安装费用编制。

	序号	类别	名称	单位	项目特征	组价方式	计算基数	费率(%)	工程量
	☐		措施项目						
	☐ 一		单价措施项目费						
1	☐ 031301017001		脚手架搭拆	项	1.脚手架搭拆费(第四册 电气设备安装工程) 2.脚手架搭拆费(第六册 自动化控制仪表安装工程)	可计量清单			1
	☐ 二		总价措施项目费						
	☐ 2.1		安全文明施工费						
	☐ 2.2		夜间施工增加费						
	☐ 2.3		二次搬运费						
	☐ 2.4		冬雨季施工增加费						
	☐ 2.5		工程定位复测费						
	☐ 2.6		其他						

图 8-6　措施项目清单编制

在计价软件中，已列出依据《建设工程工程量清单计价规范》（GB 50500—2013）应设置的总价措施清单项目，在编制招标工程量清单时，如有省级政府或省级有关部门规定的补充项目，可以补充列项。

5. 编制其他项目清单

其他项目清单包括暂列金额、暂估价、计日工、总承包服务费。暂列金额是指用于施工合同签订时尚未确定或者不可预见的所需材料、设备和服务的采购，施工中可能发生的工程变更，合同约定调整因素出现时的工程价款调整以及发生的索赔、现场签证等费用。暂估价是指招标人在工程量清单中提供的用于支付必然发生但暂时不能确定价格的材料、工程设备的单价以及专业

其他项目
清单编制

工程的金额，包括材料暂估单价、工程设备暂估单价、专业工程暂估价。计日工是指在施工过程中，承包人完成发包人提出的施工图纸以外的零星项目或工作，按合同中约定的综合单价计价的一种方式。总承包服务费是指总承包人为配合协调发包人进行的专业工程发包，对发包人自行采购的材料、工程设备等进行保管以及施工现场管理、竣工资料汇总整理等服务所需的费用。

在软件中,选择二级导航栏的"其他项目",依据工程及招标文件要求完成其他项目清单的编制。

1)暂列金额

在"其他项目"导航栏中选择"暂列金额",由招标人输入名称、计量单位、暂定金额。若不能详列暂列内容及金额,也可以只列暂定金额总额。

2)暂估价

材料(工程设备)暂估单价由招标人确定暂估材料(工程设备)的名称、规格、型号、暂估单价,以及拟用在哪些清单项目上。如果招标工程量清单和招标控制价一并编制,材料(工程设备)暂估单价可以通过以下步骤完成设置:在二级导航栏选择"人材机汇总"→"所有人材机",在所有人材机中选中材料市场价需要暂估的材料,在"是否暂估"列打"√"即可。如果单独编制招标工程量清单,在二级导航栏选择"人材机汇总"→"暂估材料表",在空白处单击鼠标右键,选择"插入"或"从 Excel 文件导入"即可。

专业工程暂估价由招标人确定工程名称、工程内容和暂估金额。在"其他项目"导航栏中选择"专业工程暂估价",输入相关信息即可。

3)总承包服务费

总承包服务费由招标人确定服务项目及内容,在"其他项目"导航栏中选择"总承包服务费",输入相关信息即可。

4)计日工

计日工由招标人确定项目名称、计量单位和暂估数量,在"其他项目"导航栏中选择"计日工费用",区分人工、材料、机械类别,输入相关信息即可,如图8-7所示。

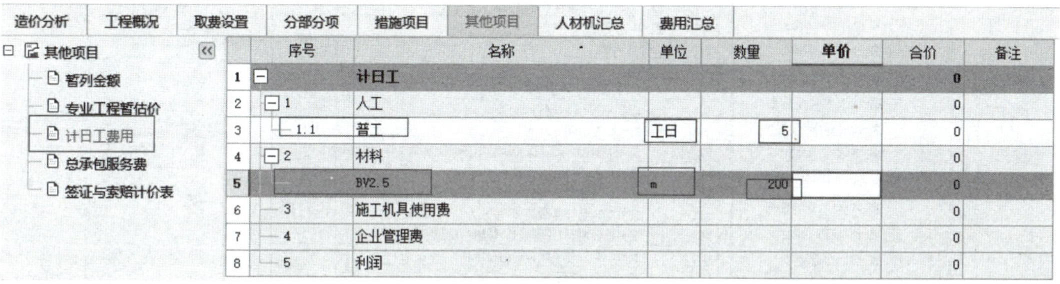

图 8-7　计日工编制

6. 编制规费与税金项目清单

规费项目包括社会保险费(包括养老保险费、失业保险费、医疗保险费、工伤保险费、生育保险费)、住房公积金、工程排污费。出现计价规范中未列的项目,应根据省级政府或省级有关部门的规定列项。

税金是指国家税法规定的应计入建筑安装工程造价内的增值税。

在计价软件中,已列出依据《建设工程工程量清单计价规范》(GB 50500—2013)应设置的规费项目与税金项目,在编制招标工程量清单时,如有省级政府或省级有关部门规定的补充项目,可以补充列项。

7. 编制招标工程量清单文件

1）招标工程量清单文件的组成

招标工程量清单文件主要包括封面，扉页，总说明，分部分项工程和单价措施项目清单与计价表，总价措施项目清单与计价表，其他项目清单与计价汇总表，暂列金额明细表，材料（工程设备）暂估单价及调整表，专业工程暂估价及结算价表，计日工表，总承包服务费计价表，规费、税金项目计价表等。

总说明一般应说明工程概况、工程招标和专业工程发包范围、工程量清单编制依据、工程质量、材料及施工等的特殊要求，以及其他需要说明的问题。

2）导出招标工程量清单文件

在一级导航栏选择"报表"，单击功能区的"批量导出 Excel"，在弹出的"批量导出 Excel"窗口，根据需要勾选报表类型，单击"导出选择表"按钮即可，如图 8-8 所示。在勾选所需报表时，可以批量选择报表，也可以批量选择/取消同名报表，还可以上移、下移调整报表顺序。另外，可以通过"导出设置"功能对 Excel 表的页眉页脚位置、导出数据模式、批量导出 Excel 选项进行设置。

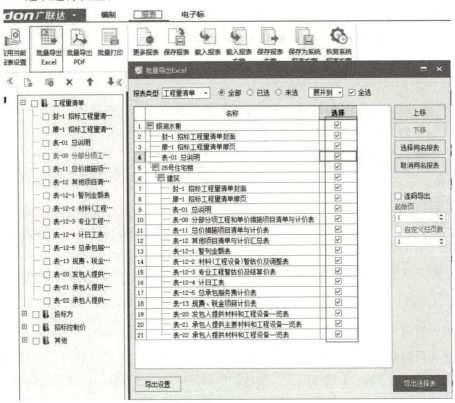

图 8-8　招标工程量清单 Excel 文件导出

3）生成并导出招标工程量清单电子标

在一级导航栏选择"电子标"，单击功能区的"生成招标书"，根据提示在"确认"窗口选择"是"，进行项目符合性检查；在"项目自检"窗口，根据需要，在"设置检查项"中选择检查方案为"招标书自检选项"，然后设置需要检查的项，再单击"执行检查"；在检查结果中，即可看到项目自检出的问题,然后根据检查结果进行调整。项目自检合格后,关闭"项目自检"窗口,软件即弹出"导出标书"窗口,然后选择电子标书导出的位置,单击"确定"按钮,如图8-9所示;在弹出的"招标信息"窗口,根据工程实际,填写招标相关信息,然后单击"确定"按钮,即可生成电子招标书文件。

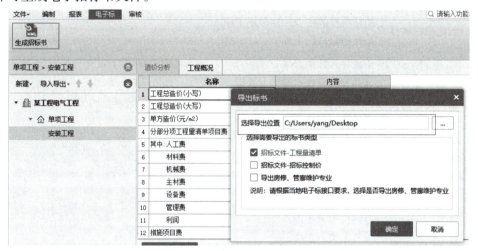

图8-9　电子招标书文件生成

七、拓展问题

(1)什么是模拟清单?什么是港式清单?

(2)给排水工程中涉及的土方工程应如何编制清单?

(3)分工合作完成一个工程的招标工程量清单编制时,如何把多个单位工程合并为一个单位工程或一个单项工程?

八、评价反馈（表8-1）

表 8-1　招标工程量清单编制学习情境评价表

序号	评价项目	评价标准	满分	评价	综合得分
1	新建招标项目	招标项目的各项标准采用正确； 招标项目结构正确	15 分		
2	分部分项工程项目清单编制	正确导入计量成果； 分部分项工程量清单五要件完整； 清单项目输入正确； 项目特征输入完整、准确； 工程量输入正确	30 分		
3	措施项目清单编制	单价措施项目编制正确； 总价措施项目编制正确	15 分		
4	其他项目清单、规费与税金项目清单编制	暂列金额编制正确； 暂估价编制正确； 计日工编制正确； 总承包服务费编制正确； 规费与税金项目清单编制正确	15 分		
5	招标工程量清单文件编制	招标文件组成完整，装订顺序正确； 封面、扉页及编制说明填写正确； 导出招标工程量清单文件操作正确； 导出招标工程量清单电子标操作正确	15 分		
6	工作过程	严格遵守工作纪律，按时提交工作成果； 积极参与教学活动，具备自主学习能力； 积极参与小组活动，具备倾听、协作与分享意识	10 分		
小计			100 分		

学习情境九　招标控制价编制

一、学习情境描述

招标控制价是招标人根据国家或省级、行业建设主管部门颁发的有关计价依据和办法，以及拟定的招标文件和招标工程量清单，结合工程具体情况编制的招标工程的最高投标限价。招标控制价关乎工程质量、工程进度以及社会资源的合理利用。例如，某电力工程的土地平整施工项目包括土方开挖、土方回填、灰土垫层、现浇混凝土坎顶等工作内容，投标人在核实时发现，设计图纸上设计的坎顶用材料是毛石，招标工程量清单中项目特征描述也是毛石，但招标控制价编制是按照片石单价计入工程价款的，仅此一项，工程价款相差 80 多万元。在招标控制价的编制过程中，编制人员需要保持谨慎和严谨的工作态度，才能避免招标控制价编制失误。

下面请依据实训项目的安装工程图纸、《建设工程工程量清单计价规范》(GB 50500—2013)、《通用安装工程工程量计算规范》(GB 50856—2013)、《湖北省通用安装工程消耗量定额及全费用基价表》(2018 版)及《湖北省建筑安装工程费用定额》(2018 版)，完成实训项目招标控制价的编制。招标控制价封面如图 9-1 所示。

某办公楼给排水　工程

招标控制价

招　标　人：×××有限公司
(单位盖章)

造价咨询人：×××造价咨询有限公司
(单位盖章)

202×年××月××日

图 9-1　招标控制价封面

二、学习目标

(1)能完成分部分项工程及单价措施项目综合单价组价。

(2)能确定分部分项工程费、措施项目费、其他项目费、规费与税金,形成招标控制价。

(3)能形成招标控制价文件及电子标文件。

三、工作任务

(1)熟悉招标文件、招标工程量清单、价格信息及相关资料文件。

(2)运用计价软件确定分部分项工程及单价措施项目的综合单价。

(3)运用计价软件进行价格调整,确定分部分项工程费、措施项目费、其他项目费、规费与税金,确定单位工程招标工程控制价。

(4)完成招标控制价文件和电子标文件编制。

四、工作准备

(1)阅读工作任务,收集并熟悉招标文件、招标工程量清单、价格信息等招标控制价编制所需资料。

(2)熟悉《建设工程工程量清单计价规范》(GB 50500—2013)、《通用安装工程工程量计算规范》(GB 50856—2013)、《湖北省通用安装工程消耗量定额及全费用基价表》(2018 版)及《湖北省建筑安装工程费用定额》(2018 版)等相关标准、规范。

(3)结合工作任务分析招标控制价编制过程中的难点和常见问题。

五、工作实施

1.综合单价组价

引导问题1:综合单价包括(   ),全费用综合单价包括(   )。

引导问题2:定额子目的确定方法包括(   )。

引导问题3:什么是未计价主材? 未计价主材费用如何计取?

引导问题4:什么是定额换算? 在什么情况下需要进行定额换算?

引导问题5:电气设备安装工程中,一般哪些情况需要进行定额换算? 在软件中应如何处理?

引导问题6:给排水、采暖、燃气工程中,一般哪些情况需要进行定额换算? 在软件中应如何处理?

引导问题7:消防工程中,一般哪些情况需要进行定额换算? 在软件中应如何处理?

引导问题8:材料暂估单价对综合单价有何影响? 在软件中应如何处理?

引导问题9:甲供材料对综合单价有何影响? 对招标控制价有何影响? 在软件中应如何处理?

2.招标控制价编制

引导问题10:编制招标控制价时,应采用(   )定额,(   )施工方案。

引导问题11:编制招标控制价时,材料价格应采用(   )价格。在计价软件中应如何处理?

引导问题12:电气设备安装工程应计取哪些单价措施项目费? 在软件中应如何处理?

引导问题13:给排水、采暖、燃气工程应计取哪些单价措施项目费? 在软件中应如何处理?

引导问题14:消防工程应计取哪些单价措施项目费? 在软件中应如何处理?

引导问题15:安装工程应计取哪些总价措施项目费? 在软件中应如何处理?

引导问题16:编制招标控制价时,其他项目费应如何编制?

引导问题17:编制招标控制价时,规费与税金应如何编制?

【小提示】　　　　　　其他项目模板的保存与载入

不同的工程项目会有一些相同或类似的其他项目,在利用软件编制招标控制价时,可以把典型或常用的其他项目作为模板保存起来,以后遇到类似工程项目,可以直接载入模板,以实现快速报价,其具体操作方法如下:

在"编制"界面,选择相应单位,单击二级导航栏的"措施项目",根据需要完成编制后,单击功能区的"保存模板"。在"另存为"窗口中,选择模板保存的位置,命名后,单击"保存"按钮,即可完成其他项目模板文件的保存。

在"编制"界面,选择相应单位,单击二级导航栏的"措施项目",单击功能区的"载入模板",选择之前保存的其他项目模板,单击"保存"按钮。根据实际情况,选择是否保留原有其他项目的组价内容,即可完成载入。

3. 招标控制价文件编制

引导问题18:招标控制价文件包括哪些内容? 装订顺序是怎样的?

引导问题19:招标控制价的封面、扉页应如何填写?

引导问题20:招标控制价的总说明应如何编写?

六、相关知识点

(一)招标控制价

为客观、合理地评审投标报价和避免哄抬标价,造成国有资产流失,国有资金投资的建设工程招标,招标人必须编制招标控制价,作为投标限价。

招标控制价应由具有编制能力的招标人或受其委托具有相应资质的工程造价咨询人编制和复核。当招标人不具有编制招标控制价的能力时,可委托具有工程造价咨询资质的工程造价咨询企业编制。工程造价咨询人接受招标人委托编制招标控制价,不得再就同一工程接受投标人委托编制投标报价。招标控制价不同于标底,无需保密,招标人应在招标文件中如实公布招标控制价。

招标控制价的编制与复核依据为:

(1)《建设工程工程量清单计价规范》(GB 50500—2013);

(2)国家或省级、行业建设主管部门颁发的计价定额和计价办法;

(3)建设工程设计文件及相关资料;

(4)拟定的招标文件及招标工程量清单;

（5）与建设项目相关的标准、规范、技术资料；

（6）施工现场情况、工程特点及常规施工方案；

（7）工程造价管理机构发布的工程造价信息，当工程造价信息没有发布时，参照市场价；

（8）其他相关资料。

（二）综合单价的确定

分部分项工程费和单价措施项目费由各项目工程量乘以其综合单价得到。综合单价是指完成一个规定清单项目所需的人工费、材料费和工程设备费、施工机具使用费、企业管理费、利润以及一定范围内的风险费用。目前湖北省预算定额中的全费用综合单价包括人工费、材料费、施工机具使用费、总价措施费、企业管理费、利润、规费和增值税。

1. 定额套用

综合单价需要依据项目特征套用定额，进行组价。

（1）在"编制"界面，单击"插入"→"插入子目"，运用输入、查询等方法，确定定额子目编码、名称、单位，如图9-2所示。

图9-2　定额的确定

（2）当定额单位与清单单位一致时，软件默认定额工程量为清单工程量，即"QDL（清单量）"。如果依据定额规则，定额工程量与清单工程量不一致，则可以在"工程量表达式"中输入计算式，或直接在"工程量"中输入工程量计算结果。

（3）定额子目中"含量"是指依据单价法计算综合单价时的折算系数。

$$含量 = \frac{定额工程量}{清单工程量 \times 定额单位}$$

（4）安装工程定额中的未计价主材随定额列出，如需补充未计价主材，可以单击"补充"→"人材机"，在"补充人材机"窗口，确定类别、名称、单位、含量、单价等信息，单击"插入"按钮即可，如图9-3所示。

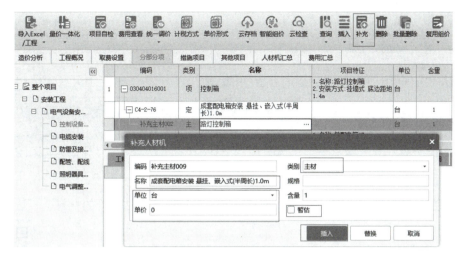

图9-3　补充未计价主材

2. 定额换算

定额换算是指当施工图纸设计要求与定额的工程内容、规格、型号、施工方法等条件不完全相符时,按定额有关规定允许进行调整与换算时,须按规定进行换算。

在计价软件中,绝大多数换算可以通过标准换算完成。单击选中需要换算的定额项,单击"标准换算",依据清单项目特征,勾选标准换算列出的换算内容,或填写相应换算信息,或选择换算后的材料种类,即可完成相应的换算,如图9-4所示。

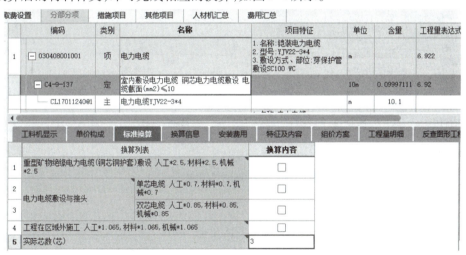

图9-4　定额标准换算

3. 材料(工程设备)暂估单价

编制招标控制价时,材料(工程设备)暂估单价应依据招标人提供的名称、单位和单价,计入综合单价报价中。

在二级导航栏选择"人材机汇总",在分栏显示区选择"材料表"或"主材表"。选择需要暂估单价的材料,在"市场价"栏输入暂估单价,在"是否暂估"栏进行勾选即可。如需修改暂估单价,需要先取消"是否暂估"栏的勾选,再进行价格的修改,如图9-5所示。

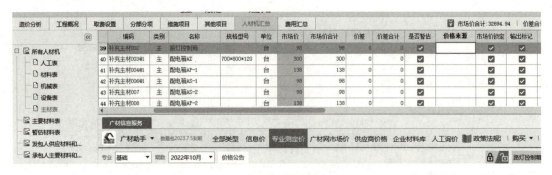

图 9-5　材料暂估单价的确定

在分栏显示区选择"暂估材料表",即可显示本工程所有暂估单价的材料。

4. 甲供材料

甲供材料就是甲方供应的材料,一般由甲方组织供应到现场,乙方负责验收、保管。依据湖北省现行预算定额的规定,发包人提供的材料和工程设备(简称甲供材)不计入综合单价和工程造价中。

甲供材的计取

在二级导航栏选择"人材机汇总",在分栏显示区选择"材料表"或"主材表",将"供货方式"栏修改为"甲供材料"即可,如图 9-6 所示。在分栏显示区选择"发包人供应材料和设备",即可显示本工程所有甲供材料。

图 9-6　甲供材料的确定

5. 价格调整

(1)在一级导航栏选择"编制",单击功能区中的"载价"。

(2)根据自身工程要求,选择载价地区及载价月份,可以选择对已调价的材料不进行载价。

(3)将信息价和目前预载入价格进行比较,也可以直接在待载价格中进行手动调价,完成批量载价过程,如图 9-7 所示。

(4)完成载价或调整价格后,可以看到市场价的变化,并在价格来源列看到价格的来源。

(5)对于需要单独调整的材料,可以单独载价进行调整。

图 9-7　价格调整

(三) 招标控制价编制

1. 分部分项工程费

各清单项目的综合单价合价由其清单工程量乘以综合单价得到,分部分项工程费由各清单项目的综合单价合价汇总后得到。

在计价软件中,当完成综合单价组价后,软件自动汇总得到综合单价合价、各分部工程费小计及分部分项工程费合计。

2. 措施项目费

单价措施项目费的计算同分部分项工程费的计算方法。

在计价软件中,通过"记取安装费用"计入分部分项费或措施项目费。在"分部分项"界面,单击功能区的"安装费用"→"记取安装费用",在"统一设置安装费用"窗口,对整个工程统一设置安装费用。窗口上方左侧显示可以计算的安装费用项。单击"记取位置",可以修改安装费用的生成位置,如图9-8所示。窗口下方为费用项设置窗口,当选择一个费用项时,下方窗口列出该费用项各册的计取标准,各列数据都可以按需要调整。

单价措施项目费计算

总价措施项目费需根据现行定额的规定费率按项进行计算。

统一设置安装费用

	选择	费用项	状态	记取位置	具体项
1		湖北省通用安装工程消耗量定额及全费用基价表(2018)			
2	☑	脚手架搭拆费	OK	指定措施	031301017001脚手架搭拆
3	☐	操作高度增加费	OK	对应清单	
4	☐	系统调整费	未指定清单项	指定清单	
5	☐	在地下室内进行安装的工程	OK	对应清单	
6	☐	超高增加费	未指定措施项	指定措施	031302007
7	☐	在地下室内(含地下车库)、暗室内、净高小…	OK	对应清单	

恢复系统设置　高级选项

图 9-8　"统一设置安装费用"窗口

3. 其他项目费

暂列金额、专业工程暂估价应根据招标工程量清单列出的金额计算。

计日工费用应根据招标工程量清单列出的项目、单位和暂估数量,按省级、行业建设主管部门或其授权的工程造价管理机构公布的人工单价、施工机具台班单价以及工程造价管理机构发布的工程造价信息中的材料单价进行计算,如图9-9所示。

序号	名称	单位	数量	单价	合价
1	计日工				1227.68
2	1 人工				520
3	1.1 普工	工日	5	104	520
4	2 材料				530
5	BV2.5	m	200	2.65	530
6	3 施工机具使用费				0
7	4 企业管理费				96.07
8	5 利润				79.61

图9-9 计日工费用确定

总承包服务费应根据招标工程量清单列出的内容和要求估算,估算可以参照以下标准:招标人仅要求对分包的专业工程进行总承包管理和协调时,按分包的专业工程造价的1.5%计算;招标人要求对分包的专业工程进行总承包管理和协调,并同时要求提供配合服务时,根据招标文件中列出的配合服务内容和提出的要求,按分包的专业工程造价的3%~5%计算;招标人自行供应材料、工程设备的,按招标人供应材料、工程设备价值的1%计算。

4. 规费与税金

规费和税金需根据现行规定费率按项进行计算。

(四)招标控制价文件编制

1. 招标控制价文件的组成

招标控制价文件主要包括封面,扉页,总说明,建设项目招标控制价汇总表,单项工程招标控制价汇总表,单位工程招标控制价汇总表,分部分项工程和单价措施项目清单与计价表,综合单价分析表,总价措施项目清单与计价表,其他项目清单与计价汇总表,暂列金额明细表,材料(工程设备)暂估单价及调整表,专业工程暂估价及结算价表,计日工表,总承包服务费计价表,规费、税金项目计价表等。

总说明一般应说明工程概况、招标控制价编制依据、工程质量、材料及施工等的特殊要求,以及其他需要说明的问题。

2. 导出招标控制价文件及电子标文件

导出招标控制价文件及生成并导出电子标文件的方法与招标工程量清单一致。

七、拓展问题

(1)计算招标控制价时如何进行局部汇总?
(2)给排水工程中的施工排水应如何计价?
(3)编制招标控制价时应采用信息价,信息价可以从哪些渠道查询?

八、评价反馈(表9-1)

表 9-1　招标控制价编制学习情境评价表

序号	评价项目	评价标准	满分	评价	综合得分
1	综合单价组价	定额套用正确; 定额工程量提量正确; 定额换算操作正确; 暂估单价、甲供材料操作正确; 价格调整操作正确	50分		
2	招标控制价编制	措施项目费计算正确; 其他项目费计算正确; 规费与税金计算正确	20分		
3	招标控制价文件编制	招标控制价文件组成完整,装订顺序正确; 封面、扉页及编制说明填写正确; 导出招标控制价文件操作正确; 导出招标控制价电子标操作正确	15分		
4	工作过程	严格遵守工作纪律,按时提交工作成果; 积极参与教学活动,具备自主学习能力; 积极参与小组活动,具备倾听、协作与分享意识	15分		
小计			100分		

一、学习情境描述

在编制投标报价文件时,应遵守诚实守信、公平竞争的原则,严格按照实际情况进行成本计算,不夸大成本,不虚报价格,确保报价的真实性和可信度;不实施价格垄断、恶意竞争等行为,确保投标报价的公平性,促进市场健康发展。

下面请依据《建设工程工程量清单计价规范》(GB 50500—2013)、《通用安装工程工程量计算规范》(GB 50856—2013)、《湖北省通用安装工程消耗量定额及全费用基价表》(2018版),完成实训项目通风空调工程投标报价的编制。投标报价封面如图 10-1 所示。

通风空调 工程

投标总价

投 标 人: **×××**
(单位盖章)

×××× 年 ×× 月 ×× 日

图 10-1 投标报价封面

二、学习目标

(1)新建投标项目。
(2)确定分部分项工程费、措施项目费、其他项目费、规费及税金,形成投标报价。
(3)形成投标报价文件。

三、工作任务

(1)收集并熟悉招标工程量清单、图纸等投标报价编制所需资料。
(2)依据招标工程量清单编制投标报价。

四、工作准备

（1）阅读工作任务，收集并熟悉招标文件、施工现场情况、拟定施工组织方案等投标报价编制所需资料。

（2）熟悉《建设工程工程量清单计价规范》（GB 50500—2013）、《通用安装工程工程量计算规范》（GB 50856—2013）、《湖北省通用安装工程消耗量定额及全费用基价表》（2018 版）等相关标准、规范。

（3）结合工作任务分析投标报价编制过程中的难点和常见问题。

五、工作实施

1. 新建投标项目

引导问题 1：电子招标书文件格式有（　　　　）和（　　　　）两种。

引导问题 2：新建投标项目时，地区标准为（　　　　　　），定额标准为（　　　　　　），单价形式为（　　　　　　），模板类别为（　　　　　　），计税方式为（　　　　　　），税改文件为（　　　　　　）。

引导问题 3：新建投标项目时，如何导入电子招标书？

【小提示】　　　　　　　　　　　未计价材料

定额材料消耗量带"（　　　　　）"的为未计价材料，可根据市场或实际购买的除税价格确定材料单价，该项材料费用计入材料费。

2. 投标报价编制

引导问题 4：综合单价的组成是：_____。

引导问题 5：投标报价时，能否调整招标工程量清单的内容？

引导问题 6：如果在招标文件中没有明确投标人应承担的风险范围及其费用，编制投标综合单价时，能否不考虑风险？

引导问题 7：投标报价是企业的自主报价，那么综合单价的所有费用是否都可以由投标人自主决定？

引导问题 8：投标报价时，材料单价应按（　　　）价格确定。招标文件中确定的暂估单价和甲供材料应如何处理？

引导问题 9：编制投标报价时，措施项目费应如何编制？能否自主决定？

引导问题 10：编制投标报价时，其他项目费应如何编制？能否自主决定？

引导问题 11：编制投标报价时，规费与税金应如何编制？能否自主决定？

【小提示】　　　　　　　　　　　招标工程量清单

招标人依据国家标准、招标文件、设计文件以及施工现场实际情况编制的，随招标文件发布供投标人投标报价的工程量清单，包括其说明和表格。

3. 投标报价文件编制

引导问题 12：投标报价文件包括哪些内容？其装订顺序是怎样的？

引导问题 13:投标报价的封面、扉页应如何填写?

引导问题 14:投标报价的总说明应如何编写?

【小提示】   清标

清标是指在评标委员会评标之前,对投标文件进行仔细审查和评估的过程,即审查投标文件是否完整、总体编排是否有序、文件签署是否合格、投标人是否提交了投标保证金、有无计算上的错误等。算术错误将按以下方法更正:若单价计算的结果与总价不一致,以单价为准修改总价;若用文字表示的数值与用数字表示的数值不一致,以文字表示的数值为准。如果投标人不接受对其错误的更正,其投标将被拒绝。

六、相关知识点

(一)新建投标项目

如果投标人拿到的是纸质版招标文件,就需要新建单项、单位工程。新建投标项目的步骤和方法与新建招标项目一致。需要注意的是,在选择"新建预算"后,需单击"投标项目"。

当采用电子招投标时,可以在软件中导入电子招标书。进入广联达云计价平台 GCCP 6.0,新建工程,单击"投标项目","浏览"确定电子招标书,填写正确的定额标准、单价形式、计税方式等信息,单击"立即新建"按钮,招标工程量清单便导入投标项目中,如图 10-2、图 10-3 所示。

图 10-2 新建投标项目(一)

(二)投标价

投标价是投标人响应招标文件要求报出的对已标价工程量清单汇总后标明的总价。投标价应由投标人或受其委托具有相应资质的工程造价咨询人,依据招标文件,招标工程量清

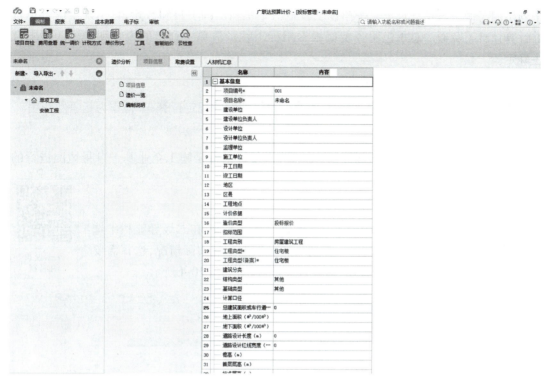

图 10-3　新建投标项目(二)

单,企业定额,国家或省级、行业建设主管部门颁发的计价定额和计价办法,拟定的施工组织设计等相关资料,自主确定投标报价。其编制要点如下:

1. 一般规定

投标人必须按照招标工程量清单填报价格。项目编码、项目名称、项目特征、计量单位、工程量必须与招标工程量清单一致。

投标总价应当与分部分项工程费、措施项目费、其他项目费和规费、税金的合计金额一致。投标价不得低于工程成本。投标人的投标报价高于招标控制价的,应予废标。

2. 综合单价

招标工程量清单中列明的所有需要填写单价和合价的项目,投标人均应填写且只允许有一个报价。

综合单价应根据招标文件和招标工程量清单中的项目特征描述计算。

综合单价中应包括招标文件中划分的应由投标人承担的风险范围及其费用,招标文件中没有明确的,应提请招标人明确。

3. 总价措施项目费

措施项目中的总价项目金额应根据招标文件及投标时拟定的施工组织设计或施工方案自主确定。其中,安全文明施工费不得作为竞争性费用。

4. 其他项目费

其他项目中的暂列金额应按招标工程量清单中列出的金额填写。材料、工程设备暂估价应按招标工程量清单中列出的单价计入综合单价。专业工程暂估价应按招标工程量清单中列出的金额填写。计日工应按招标工程量清单中列出的项目和数量,自主确定综合单价并计算计日工金额。总承包服务费应根据招标工程量清单中列出的内容和提出的要求自主确定。

5. 规费和税金

规费与税金必须按国家或省级、行业建设主管部门的规定计算,不得作为竞争性费用。

(三)投标报价的编制

投标报价的编制方法与招标控制价一致,但投标报价是施工企业基于自身情况进行的自主报价,有其自身特点。

1. 费率调整

在"编制"界面的项目结构树中选择相应的单位工程,在二级导航栏中选择"费用汇总",单击功能区的"载入模板",然后根据工程实际情况,选择需要使用的费用模板,单击"确定"按钮,即载入模板成功,如图10-4所示。

投标报价
的编制

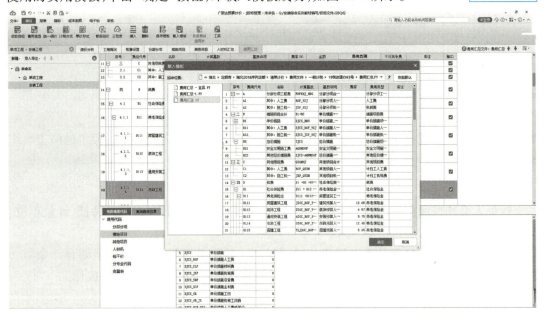

图10-4 载入费用模板

根据工程实际情况,对标准模板进行调整。选中需要插入数据行的位置,单击鼠标右键选择"插入";对插入行和相关影响行数据进行输入及调整,双击插入行各单元格,输入相应内容。单击功能区的"保存模板",将费用模板保存在指定位置,可供后期调用。

2. 响应招标材料

投标人在导入招标文件,进行投标工程组价时,需要将投标工程中的材料与招标暂定单价材料进行响应关联,如图10-5所示。

将光标定位到项目结构树节点,二级导航切换到"人材机"。单击分栏显示区的"暂估材料表",单击材料名称;单击"关联暂估材料",软件可以根据编码、名称、规格型号进行自动关联。自动关联不上的,或采用纸质资料投标时,可采用手动勾选的方式进行关联。

图 10-5 响应招标材料

3. 总价措施项目费

投标人进行投标报价时,可以依据拟定的施工组织方案,自主确定总价措施项目及金额。在广联达云计价平台 GCCP6.0 中,应按以下步骤完成调整:

(1)在二级导航栏选择"措施项目",光标移至"总价措施项目",单击"插入"→"插入子项",输入项目编码、名称。

(2)单击"计算基数",在"费用代码"窗口双击选择需要的费用代码,添加到计算基数中,并确定费率。

(3)通过"保存模板"和"载入模板"快速将其调整为工程需要的模板,方便下次使用。

4. 不可竞争费用

总价措施项目中的安全文明施工费、规费与税金均属于不可竞争费用,必须按照国家或省级、行业建设主管部门的规定计价,不得删除或调整费率。

5. 调价

对编制完的工程投标价,可以依据投标策略,运用统一调价、强制修改综合单价等方式进行策略调价。

1)统一调价

需要对项目投标报价进行统一调整时,可以进行指定造价调整或造价系数调整。

将光标定位到项目结构树节点,单击"统一调价"→"指定造价调整",弹出"指定造价调整"窗口,在"目标造价"栏输入目标造价金额,选择调整方式,单击"工程造价预览"按钮可显示调整额,单击"调整"按钮即可完成调整,如图 10-6 所示。

将光标定位到项目结构树节点,单击"统一调价"→"造价系数调整",弹出"造价系数调整"窗口,单击"人材机单价"或"人材机含量",选择锁定材料,单击"工程造价预览"按钮可显示调整额,单击"调整"按钮即可完成调整,如图 10-7 所示。

2)强制修改综合单价

需要对某一分部分项清单的综合单价进行单独调整时,将光标移至清单综合单价处,单击鼠标右键,选择"强制修改综合单价",软件弹出相应窗口,输入调整后的综合单价,选择调整方式,单击"确定"按钮即可,如图 10-8 所示。

图 10-6　指定造价调整

图 10-7　造价系数调整

图 10-8　强制修改综合单价

(四)投标报价文件编制

1. 投标报价文件的组成

投标报价文件主要包括封面,扉页,总说明,建设项目投标报价汇总表,单项工程投标报价汇总表,单位工程投标报价汇总表,分部分项工程和单价措施项目清单与计价表,综合单价分析表,总价措施项目清单与计价表,其他项目清单与计价汇总表,暂列金额明细表,材料(工程设备)暂估单价及调整表,专业工程暂估价及结算价表,计日工表,总承包服务费计价表,规费、税金项目计价表等。

总说明一般应说明工程概况、投标报价编制依据、工程质量、材料及施工等的特殊要求,以及其他需要说明的问题。

2. 导出投标报价文件及电子标文件

导出投标报价文件及生成并导出电子标文件的方法与招标工程量清单一致。

七、拓展问题

(1)通风空调工程的操作高度增加费以多少米为界?

(2)如需要对编制完的工程进行策略调价,应如何处理?

(3)投标时如需进行多方案报价,并进行报价对比,应如何处理?

(4)组价完成后,在检查中发现存在需要更改组价的情况,应如何批量修改相同清单的组价?

八、评价反馈（表10-1）

表 10-1　投标报价编制学习情境评价表

序号	评价项目	评价标准	满分	评价	综合得分
1	新建投标项目	投标项目的各项标准采用正确； 投标项目结构正确	20分		
2	投标报价编制	费率标准采用正确； 综合单价组价正确； 总价措施项目费调整正确； 其他项目费计取正确； 规费与税金计取正确	40分		
3	投标报价文件编制	投标报价文件组成完整，装订顺序正确； 封面、扉页及编制说明填写正确； 导出投标报价文件操作正确； 导出投标报价电子标操作正确	30分		
4	工作过程	严格遵守工作纪律，按时提交工作成果； 积极参与教学活动，具备自主学习能力； 积极参与小组活动，具备倾听、协作与分享意识	10分		
		小计	100分		

参考文献

[1] 中华人民共和国住房和城乡建设部. 建设工程工程量清单计价规范:GB 50500—2013 [S].北京:中国计划出版社,2013.

[2] 中华人民共和国住房和城乡建设部. 通用安装工程工程量计算规范:GB 50856—2013 [S].北京:中国计划出版社,2013.

[3] 住房和城乡建设部标准定额研究所.《建筑工程建筑面积计算规范》宣贯辅导教材[M]. 北京:中国计划出版社,2015.

[4] 广联达课程委员会.广联达算量应用宝典——安装篇[M].2 版.北京:中国建筑工业出版社,2024.

[5] 叶晓容.工程造价综合实训(建筑与装饰专业)[M].重庆:重庆大学出版社,2021.

[6] 蔡跃.职业教育活页式教材开发指导手册[M].上海:华东师范大学出版社,2020.

[7] 景巧玲,华均.建设工程计量与计价实务(安装工程)[M].北京:中国建筑工业出版社,2020.

[8] 湖北省建设工程标准定额管理总站.湖北省建筑安装工程费用定额[S].武汉:长江出版社,2018.

[9] 湖北省建设工程标准定额管理总站.湖北省通用安装工程消耗量定额及全费用基价表[S].武汉:长江出版社,2018.